中国胡椒产业及绿色高效生产技术

邬华松 王 灿 主编

中国农业科学技术出版社

图书在版编目（CIP）数据

中国胡椒产业及绿色高效生产技术／邬华松，王灿
主编 . --北京：中国农业科学技术出版社，2021.11
ISBN 978-7-5116-5555-4

Ⅰ . ①中⋯　Ⅱ . ①邬⋯②王⋯　Ⅲ . ①胡椒-栽培技
术　Ⅳ . ①S573

中国版本图书馆 CIP 数据核字（2021）第 214906 号

责任编辑	白姗姗
责任校对	贾海霞
责任印制	姜义伟　王思文

出 版 者	中国农业科学技术出版社
	北京市中关村南大街 12 号　邮编：100081
电　　话	（010）82106638（编辑室）　　（010）82109702（发行部）
	（010）82109709（读者服务部）
传　　真	（010）82106650
网　　址	http：//www. castp. cn
经 销 者	各地新华书店
印 刷 者	北京地大彩印有限公司
开　　本	170 mm×240 mm　1/16
印　　张	13　彩插　32 面
字　　数	294 千字
版　　次	2021 年 11 月第 1 版　2021 年 11 月第 1 次印刷
定　　价	79. 80 元

序　言

　　胡椒是世界十分重要的香辛料作物，因其独特的挥发性香气物质及胡椒碱等功效物质的作用，使其在医药、食品工业甚至在军事领域中都有广泛的应用，是人们喜爱的调味品和世界著名的香料。胡椒原产于印度，已有 2 000 多年的栽培历史，现已遍及世界亚、非、拉三大洲 40 多个国家，总面积达到 50 多万公顷，年产量在 45 万吨以上，2019 年全世界消费量达到了 50 多万吨。我国于 1947 年开始引种试种胡椒，现主要种植于海南和云南两省，总种植面积 40 多万亩，年产量 4 万多吨。随着人们生活水平的逐步提高，我国对胡椒的消费量也在逐年增加，至 2020 年达到了 7 万多吨，胡椒在我国有着良好的发展潜力，在改革开放后的 40 多年中，胡椒产业也为海南、云南的广大椒农的脱贫攻坚、建成小康社会等发挥了十分重要的支撑作用。但与其他经济作物一样，我国胡椒产业在经历 70 多年的发展后也面临着劳动力成本上升、生产资料价格上涨、产业链短、市场价格不稳定、整体产业效益波动大等诸多问题，需要通过不断构建绿色高效生产技术体系等，来巩固拓展我国胡椒产业的发展，继续发挥胡椒产业在我国热区乡村的巩固脱贫攻坚成果、实施乡村振兴、稳边富边及国家一带一路倡议的支撑作用。

　　2021 年胡椒正式纳入国家木薯产业技术体系，将进一步为我国胡椒产业的稳定发展提供强有力的技术支撑，以中国热带农业科学院香料饮料研究所邬华松等为代表的胡椒科研团队根据多年产业调研、生产实践，积累了丰富的我国胡椒产业配套生产技术成果，结合近年我国胡椒产业实际调研，编辑出版本书，其中的高效生产技术成果及对海南、云南等地胡椒产业发展相关建议，将对我国胡椒科研、生产及当地产业发展具有重要参考意义。

国家木薯产业技术体系首席科学家

中国热带农业科学院副院长

李开绵

2021 年 9 月

前　　言

　　胡椒是世界重要的香辛料作物，已有2 000多年的栽培历史，原产于印度西高止山脉，现已遍及世界三大洲40多个国家。我国早在晋朝就已有使用的历史，但引种试种始于20世纪40年代，在经历了引种试种，到丰产栽培、标准化种植，再到优势区域种植等阶段后，目前主要集中在海南、云南两省，总种植面积为40多万亩、年总产量4万多吨，从业人口达100多万人。在海南胡椒从业人口达80多万人，特别是在文昌、琼海、海口、万宁等市县，早在20世纪80—90年代胡椒产业就已是当地百姓改革开放后的十分重要的致富产业，目前胡椒产业仍是当地百姓建成小康社会、实施乡村振兴和走向社会主义现代化新征程的重要产业；在云南，胡椒产业是当地百姓实现脱贫攻坚、巩固脱贫攻坚成果、实施乡村振兴的重要产业，同时也是当地边疆"守土固边、富民兴边"的特色产业，为我国建立"村村是堡垒，户户是哨所，人人是哨兵"的保边、强边的边疆保障体系起到了良好的支撑作用。随着我国中国特色社会主义现代化建设步伐的不断加快和深入，我国农业产业也已步入了高质高效发展阶段，胡椒产业也和其他农业产业一样，在经历了70多年的曲折发展后，步入了绿色高效发展的阶段。在这70多年的艰难发展历程中，我国广大胡椒行业的科技工作者、企事业人员、广大椒农积累了大量技术成果及经验，制定了相关行业、地方及团体标准，为了使我国从事胡椒产业的科技工作者、企事业人员、广大椒农等更好地了解并在工作中不断集成创新我国胡椒产业的绿色高效生产技术，我们编辑出版本书，编辑过程中得到海南、云南等胡椒行业的科研、教学、企事业单位广大科教工作者及一线生产技术人员、广大椒农的大力支持，在此一并表示衷心感谢。由于水平有限，书中难免有不妥之处，敬请广大读者批评指正！

　　本书的编写和出版得到国家重点研发计划课题"胡椒产业链一体化示范"、中国热带农业科学院院级创新团队"香草兰 胡椒 可可产业技术创新团队"、海南省热带香辛饮料作物遗传改良与品质调控重点实验室、海南省张福锁院士团队创新中心、农业农村部香辛饮料作物遗传资源利用重点实验室等项目和科研平台经费资助。

编　者

2021年9月

目　　录

第一篇　胡椒产业现状

第二篇　胡椒标准化生产

第三篇　胡椒高效生产

第一篇　胡椒产业现状

第一章 概 况

第一节 概 述

一、胡椒的用途

胡椒是世界重要的香辛作物之一，现已遍布亚、非、拉三大洲40多个国家，主产国有印度尼西亚、越南、印度、巴西、马来西亚和中国等国。胡椒种子含有挥发油、胡椒碱、粗蛋白、粗脂肪、淀粉、可溶性氮等物质，是人们喜爱的调味品。胡椒在腌制工业中用作防腐性香料；在医药工业上可用作健胃剂、解热剂及支气管黏膜刺激剂等，可治疗消化不良、寒痰、咳嗽、肠炎、支气管炎、感冒和风湿病等；在食品工业上可用抗氧化剂、防腐剂和保鲜剂。随着饮食业、食品加工业以及医药工业的迅速发展，胡椒的食用和药用价值将不断拓宽，需求量也日益增长。

胡椒传入中国的时间不晚于晋代。最早有关胡椒的记录出自西晋司马彪的《续汉书》。在其"西域传"一卷中，就有记载着天竺国有"诸香、石蜜、胡椒、姜、黑盐"等物产。唐代《唐本草》载："胡椒生西戎，形如鼠李子，调食用之，味甚辛辣，其性热，味辛，有温中散寒，下气，消痰之功效，主治胃寒呕吐，腹痛泄泻，食欲不振，癫痫痰多"。在我国南方，民间除把胡椒用作调味品外，还用作药用，主治胃脘寒痛、风湿性关节炎、坐骨神经痛等病症。

研究表明，胡椒之所以在镇痛、镇静、抗炎、抗惊厥、杀虫、抗癌等多方面存在活性，是因为胡椒中含有胡椒碱。胡椒碱是胡椒最主要的有效成分，随着科学的进步与发展，人们对胡椒碱的应用进行了广泛而深入的研究：①胡椒碱有明显对抗戊四唑惊厥的作用，使惊厥率显著降低，并具有对抗电惊厥的作用，对大白鼠"听源性发作"有明显对抗作用。②胡椒碱有明显的镇静作用。③临床上用胡椒的粗提物制成（主要成分为胡椒碱）抗痫片或制成胡椒碱的类似物——抗痫灵，是治疗效果良好的一种广谱低毒的抗癫痫新药。④胡椒有利胆作用，可使胆汁分泌增加，固体物质减少。⑤胡椒碱有杀虫作用，能杀绦虫。⑥胡椒碱还可作为解热剂。⑦据 Indu Blalu 等的研究，胡椒碱还具有保肝作用。⑧胡椒碱（20毫克/千克）对蛛网膜下腔出血后迟发性脑血管痉挛有预防作用，其抗血管痉挛作用可能与胡椒碱抑制 ET-1、促进 eNOS 活性有关。⑨胡椒碱具有抑制兔

— 3 —

胆结石形成的作用。⑩胡椒碱具有抗实验性胃溃疡作用。⑪胡椒碱可作为生物利用度增强剂使用。⑫研究表明，胡椒碱能通过降低实验性高胆固醇血症兔的血清总胆固醇（TC）、低密度脂蛋白—胆固醇（LDL-C）、ApoB 水平的途径，有效预防兔实验性粥样斑块的形成，从而达到对兔实验性动脉粥样硬化的预防作用。⑬美国科学家研究发现，胡椒碱是一种不产生药物依赖性的神经类药物，具有强大的戒毒和镇痛效果。⑭胡椒碱在国防工业上是制造催泪弹、催泪枪和防卫武器必不可少的重要原料。

此外，胡椒挥发油中含有较高含量的莕烯、苎烯和蒎烯等。莕烯是合成香料很好的原料；苎烯可作溶剂和香料及合成橡胶的原料；蒎烯是合成樟脑的原料，而樟脑是我国特产，有强心效能和愉快的香味，是医药、化妆工业重要的原料。白胡椒有杀虫作用，可以作为人或猪囊虫病的治疗药物，黑胡椒对于 1，2-二甲基肼所引起的结肠癌有抑制作用。

研究表明，胡椒的乙醇和乙酸乙酯提取物均含有天然抗氧化成分，胡椒提取物的这种抗氧化性能可充当食品工业安全、经济、高效的天然防腐剂，特别是为进行含油脂较多的食物的防腐方面提供了良好的防腐剂来源。

由于胡椒果实中含多种香味成分，包括 β-蒎烯、3-莕烯、柠檬烯、α-芳樟醇、δ-榄香醇、α-丁香烷等，因此胡椒是日常生活中必备的调味品；从胡椒果实中提取的胡椒精油在保健品行业的研究与利用也在逐步开展，纯胡椒植物精油与其他植物精油的配合使用或单独使用可制成各种按摩膏、按摩油等，具有祛风去湿、解痉止痛等功效。由于胡椒在生产种植过程中感染病虫害的概率较小，所以使用有毒有害农药的概率也几乎很小，可以说胡椒是一种比较安全的食用香料和调味品。

除此之外，胡椒根在我国广东、广西、海南、福建、云南等地的民间既作调味品又作药用，胡椒根中含有 3′，4′-次甲二氧基肉桂酰哌啶具有良好的抗癫痫及镇静作用，胡椒根的镇痛抗炎作用可能正是民间治疗胃脘寒痛、风湿性关节炎、坐骨神经痛等病症的药理学基础。此外，实验还表明用超临界 CO_2 萃取法从胡椒根中提取的挥发油，对二甲苯所致的小鼠耳肿胀有显著拮抗作用，能明显延长痛阈值时间，减少小鼠自主活动次数，说明胡椒根挥发油具有明显的抗炎、镇痛、镇静作用。

近年来，人们除对胡椒的果实、根有效成分进行研究外，还对胡椒的茎、叶所含的有效成分进行了研究，并成功地从胡椒的茎、叶等部位分离出与胡椒果实中所含的类似的挥发油。其中胡椒茎油中的主要成分为单萜、倍半萜中的高沸点部分；胡椒叶油中的主要成分为倍半萜，并以丁香酚、甲基丁香酚为主。

总之，随着人们生活水平的逐步提高，胡椒在医疗、保健、食品等行业的需求量会越来越大，应用前景越来越广阔。

二、胡椒的经济价值

胡椒是多年生作物，一般种植后 2~3 年即开始有少量收获，3~4 年后开始进入收获期，经济寿命可达 20 年以上。年产白胡椒达 1.5~2.25 吨/公顷，管理好的椒园可达 3.75~4.5 吨/公顷，小面积甚至达到 7~10 吨/公顷，产值高，效益好，是热区农民脱贫致富的重要经济作物。

此外，胡椒可以与椰子、槟榔、橡胶、咖啡、茶叶、降香黄檀、柚木、白木香等生产期长的作物间种，从而达到增加复种指数、提高土地利用率以及以短养长、产生良好的经济效益和社会效益的目的。

第二节　胡椒的起源与传播

胡椒被誉为"香料之王"，是世界古老而著名的香料。它起源于印度，却在漫长的历史中风靡于东西方。特别是中世纪欧洲，胡椒始终带着一种神秘色彩，吸引着当时的欧洲人远渡重洋去遥远的东方印度寻找，从而开启了大航海时代，促成了全球贸易的兴起。

胡椒贸易带来的丰厚利润，使得胡椒在欧洲人眼里像是谜一样的存在。

传说一"天堂的种子"：最早的胡椒批发商阿拉伯和威尼斯商人告诉罗马人说，胡椒生长在由龙看守的大瀑布里面，或是从天上摘下来的，是"天堂的种子"。

传说二"来自毒蛇守卫的森林"：中世纪的阿拉伯人为了隐瞒胡椒的发源地，对它极尽神秘描述。他们说："胡椒在由剧毒的飞天蛇看守的森林里生长，平时人们都不敢靠近。只有每年胡椒果实成熟的时候，人们才一起冒着巨大的危险，用火点燃森林赶走这些毒蛇。大火赶走了毒蛇，也把胡椒果实熏黑，给予了它特有的黑皱皮和辛辣的气味，且人们必须在极短时间里收获胡椒，以免受到毒蛇的报复"。

《圣经》记载，伊甸园与黄金、香料之地都在遥远的东方。14 世纪西方出版的《世界民族博览》一书指出，伊甸园在东亚一座小岛上，岛上的人"食用野生蜂蜜、胡椒以及上天赐予他们的食物"。而实际上，如果你生活在古代印度东南部西高止山地区，特别是马拉巴尔海岸沿线，就相当于生活在与伊甸园齐名的香料王国里了。在雨林中，你能处处见到一种在树干上攀爬着的藤本植物，而一串串绿色的果实若隐若现，这就是闻名遐迩的胡椒了。

世界上最早的胡椒发现于埃及金字塔中拉美西斯二世的木乃伊。杰克·特纳在《香料传奇》这样记载道："人们能够叫出其名的第一个胡椒消费者不是用香料来做佐餐的调料，那是一个早已失去了肉体享乐的人，事实上那是一具尸体，是拉美西斯二世（他也许是埃及最伟大的法老王）的皮和骨头，他在公元前

1213 年 7 月去世的时候，有几粒胡椒子被嵌入了他大而长的鼻梁中。"这一考古发现不仅表明胡椒很早之前就已经在阿拉伯地区广泛流传，而且还揭示了胡椒等香料的另一个属性，即这些香料很早就披上了宗教的外衣。当时人们认为在肮脏的尘世现实中，香料可以为普罗大众提供来自天堂的超凡脱俗的滋味。因此，宗教上都会使用熏香来提供神界的香气，实现献给诸神供品的献祭；香料还被地位高贵的特权阶级填充在他们死后的躯壳中，使他们能够在神的庇护下顺利进入来世。

胡椒的稀缺性一直使其价格居高不下，人们的狂热也极大地推动着贸易的兴起。早期胡椒贸易是随着印度雅利安人从南亚次大陆迁移到欧洲开始的，这种陆路运输形式导致运输的胡椒数量有限，因此从考古学和历史上看，关于胡椒的记载和遗迹都非常有限。尽管如此，胡椒还是得到了广泛传播和应用，如希腊文献记载，公元前 5 世纪至公元前 4 世纪的希腊人就已经懂得将胡椒应用到治病中。

公元前 4 世纪之后，随着海上贸易不断兴起，黑胡椒贸易开始有序扩大，但阿拉伯人占据着阿拉伯半岛海岸的地理优势，切断了罗马与印度来往的贸易航线，使得胡椒贸易主要垄断在阿拉伯商人手里。直到公元前 30 年，强大罗马通过军事扩张吞并了埃及，使得罗马与印度之间再也没有了阻碍，罗马商船可以越过阿拉伯市场，直接到达印度西岸进行贸易，由此开启了胡椒贸易第一个鼎盛时期。

根据文献记载，公元 1 世纪，图密善皇帝特地在罗马圣道北部的香料区修建了仓库用以存储大量进口而来的稀有香料，反映出当时的人们对胡椒和其他香料的青睐。一份来自公元 5 世纪的罗马文件，称为"亚历山大关税表"，上面列有项一类物品，是"要课税的（物品）种类"，主要包括白胡椒、肉桂、桂皮、姜、小豆蔻、沉香木等。这些香料都属于奢侈品，在当时的埃及亚历山大港要付 25% 的进口税。在亚历山大港中转后再流入地中海，送达欧洲顾客手中。但令人惊讶的是，当时罗马人使用最多的黑胡椒，并未出现在亚历山大关税表上，这说明，到了公元 5 世纪，由于自印度进口的货品激增，黑胡椒已广泛使用，变得平凡无奇；只有稀有而昂贵的奢侈品才会被额外课税，如果某种物品的价格因为供应量增加而跌落，便将从表格上被删除。

而在胡椒原产地印度，近代也大量出土了很多来自罗马的古代金币，说明当时罗马人已经积极参与到胡椒贸易中。印度梵文古籍亦有记载："罗马商人来时带着黄金，走时带着胡椒"。罗马金币这么受欢迎，不仅与其贵金属性质有关，更主要是因为罗马金币其重量一直不变，且成色很高，因而可以作为硬通货，在当时东西方贸易时受到商人们的青睐，这在国内外许多古籍也有迹可循。埃及古籍也明确记载："不论世界上什么地方，东自震旦（中国），西至罗马，所有国家贸易多使用罗马金币"。我国《隋书·食货志》也记载：北周时代"河西诸郡或用西域金银之钱，而官不禁"。

自公元元年前后，随着伊斯兰教在阿拉伯地区的兴起，古罗马帝国逐步衰落。自公元408年起，罗马对商路的控制力逐渐下降，波斯人和阿拉伯人重新支配了东西方香料贸易，胡椒逐步被阿拉伯商人神秘化，它的价格也越来越昂贵。

从公元6世纪起到公元15世纪，胡椒传统的贸易途径完全垄断在阿拉伯人、威尼斯人和热那亚人手中，使胡椒在欧洲的价格始终居高不下。这条贸易路线先是由阿拉伯人从原产地印度装载胡椒，穿越印度洋来到红海，在红海港口卸下后，再由陆运穿过埃及来到尼罗河上游的港口，顺河运送至尼罗河在地中海的入海口亚历山大港。在这里威尼斯和热那亚人再倒手，将胡椒运送到意大利，再在欧洲售卖。在海运还不发达的时代，这条贸易路线充分发挥了胡椒重量轻和耐储存的特点，使其更容易在欧洲和亚洲间运输与贩卖，且利润极高，从印度运输到欧洲后，价格可以翻几十倍甚至上百倍。在这一背景下，意大利威尼斯获得了"亚得里亚海女王"的荣誉，主宰着中世纪欧洲的香料贸易。在公元15世纪威尼斯全盛时期，胡椒在所有运往西方的香料中占比高达80%以上。

面对日益崛起的穆斯林势力，天主基督教徒们感受到了严重的危险，随着中东地区逐渐穆斯林化，东西方贸易被垄断程度越来越高。在伊斯兰教的持续消耗下，奥斯曼帝国最终用强大的攻势于1453年攻占了拜占庭帝国（即东罗马帝国）首都君士坦丁堡。自此，欧亚之间的通商渠道彻底被穆斯林垄断，欧洲香料的价格不断再创新高。对胡椒高昂价格的不堪重负的欧洲人，带着对胡椒的渴望终于下定决心从海上开辟一条新的航路，打破伊斯兰世界对胡椒贸易的垄断。

1497年7月8日，在葡萄牙国王阿方索五世之子若昂二世的支持下，以"寻找基督徒和香料"为名义，瓦斯科·达·伽马率领船队从葡萄牙里斯本出发，绕过非洲好望角，历时近1年，于1498年5月20日，抵达了传说中的印度西南沿海的"香料之城"卡利卡特。当地人对葡萄牙的船只来到并不感到意外，因为发达的香料贸易让他们见识过太多庞大的商船。当瓦斯科·达·伽马提出以随船带来的橄榄油、脸盆以及珊瑚珠等葡萄牙珍宝换取香料的时候，遭到了当地香料商人的拒绝。尽管如此，瓦斯科·达·伽马还是说服国王，带回足够多的胡椒、肉桂等其他香料。然而，当地首领也说得很明白，葡萄牙人下次必须带有价值的东西来，在其致葡萄牙国王的信中说到："我方需要来自贵国的金银、珊瑚和鲜红布料"。最后，瓦斯科·达·伽马促成的规模化海运和贸易，大大降低了香料、丝绸和瓷器的价格，威尼斯人手中的胡椒支配权自此被葡萄牙人所取代。

而且，欧洲人在新发现的地区建立起殖民地、贩卖人口、强取豪夺、掠夺财富，让世界人民陷入了水深火热的被奴役生活，新旧世界的格局就此改变。

胡椒传入中国的时间不晚于晋代。最早有关胡椒的记录出自西晋司马彪的

《续汉书》。在其"西域传"一卷中，就有记载着天竺国有"诸香、石蜜、胡椒、姜、黑盐"等物产。晚唐著名的博物学家段成式在《酉阳杂俎》中更是将胡椒的产地缩小到"出摩伽陀国，呼为昧履支"，而摩伽陀国是印度的古国之一，昧履支则是胡椒的梵语译音。

胡椒在晋代传入中国后，因其异域情调，立刻成为上流社会的时尚调料，也带来了新的菜肴烹制方法。如段成式在《酉阳杂俎》中的记载："（胡椒）子形似汉椒，至辛辣。六月采，今人作胡盘肉食皆用之。"

唐代胡椒价格非常昂贵，以至于拥有胡椒的多少代表着财富的多少。如《新唐书·元载传》记载，唐代宗的宰相元载骄横恣肆，贪得无厌，被唐代宗诏赐自尽后，"籍其家，钟乳五百两……胡椒至八百石"。在当时，钟乳、胡椒都是十分珍贵的药材和香料。胡椒作为一种奢侈品，才使得元载像聚敛钱财一样聚敛胡椒，这也才使得在惜墨如金的史书中留下了记载。

宋元时期，随着海外贸易的发展，胡椒贸易与影响也随之扩大。胡椒在宋代属细色，泉州、广州等口岸常有进口，绍兴二十六年（公元 1156 年），三佛齐国（位于苏门答腊岛）进贡"胡椒万斤"。到元代胡椒贸易、消费更盛，马可波罗在游记中记载杭州"每日所食胡椒四十四担，而每担合二百二十三磅"。贸易带动了国内对胡椒的应用开发，宋代主要是药用方面，元代则向食用方面拓展，但在分类上仍然属于药物类。宋元与前相比，胡椒贸易达到一个很高的水平，无论是数量，还是消费范围，但仍然未完成由奢侈品向日常用品的转变。

明朝海上贸易进一步兴起，随着贸易量大幅上升，胡椒价格开始下降。据统计，朱元璋洪武末年（公元 1390 年前后）每百斤胡椒值银 20 两，而到朱棣宣德时（公元 1420 年前后）仅值银 5 两。在朱棣统治期间，宦官郑和七次下西洋，多次造访印度沿岸港口，他率领的庞大舰队亦同样靠岸过卡利卡特（古里），用大量的金银器具、丝绸与瓷器，交换了大量的胡椒。在官方推动下，明朝海上贸易更为繁荣，据统计公元 15~16 世纪，中国在东南亚地区收购的胡椒年达 5 万包（约 250 万斤），等于公元 17 世纪上半期胡椒从东方输入欧洲的总和，欧洲人只能取得郑和采购后剩余的份额。因此，明朝中期开始，香料的身价越来越低，并且随着胡椒在中国南方开始种植，胡椒最终变为了平常人家中的寻常之物。

第三节　胡椒历史文化鉴赏

一、奇闻轶事

（一）《马可·波罗游记》里的"胡椒贸易"

马可·波罗，意大利著名旅行家。1271 年，他跟随父亲从意大利的威尼斯启程，途径地中海沿岸的阿迦城、亚美尼亚，穿越两河流域，横跨波斯全境，翻越帕米尔高原，进入疏勒、沙州，沿着这条古老的陆上丝绸之路来到中国。

马可·波罗诧异于这个东方国度的繁花似锦，这里散发着天堂的气息，这里有欧洲人梦寐以求的大量胡椒。面对国人大量消耗胡椒，他曾在其游记中写道：杭州每天消费的胡椒达每天为二百三十磅的四十四担之多。在"刺桐城"泉州，这个元代最大的港口，其胡椒输入量令马可波罗惊讶，如果有一艘要出售给基督教诸国而装载着胡椒的船只进入亚历山大港口的话，那么将有相当于百倍的船来到泉州。

面对琳琅满目的胡椒，马可·波罗可能想起了自己的家乡威尼斯，沟通中西香料之道的中间商，与中国的胡椒盛景相比，可能还是逊色太多。所以，在游记中，他写道，"中国的海里有7 448个岛屿，在这些岛上，没有一棵树不散发出浓烈怡人的香味，没有一棵树没有用处。这些树几乎都是沉香木，除此之外还有各种珍贵的香料。除了黑胡椒，岛上还盛产一种白胡椒，像雪一样白。在这些岛上，发现的黄金和稀奇之物，实在是妙不可言。"

（二）胡椒的"宗教外衣"

在每种宗教文化中都会伴有不同的香，各种宗教建筑之中也会有熏香缭绕。在希腊—罗马宗教信仰中有一条认为神是有仙香之气的，从某种意义上讲，神就是香气。在香料之前，芳香之气是神酒和神的食物在俗世中或者超越俗世的类比物。

到了早期基督时代，基督徒们对于香料的感情变得较为复杂，如上所述，基督伴着香料入葬。中世纪时，香料不仅象征炫耀和形式，还代表了一种内在的美德，成了介于今生与来世、天堂与凡世的东西。因此，胡椒、没药、乳香等香料也成了基督徒所狂热追求的对象，欧洲人对东方香料的渴望也促使了大批的航海家冒着生命危险扬帆远航，从葡萄牙顺欧亚大陆西海岸南下，到达了印度的卡利卡特海港。当瓦斯科·达·伽马的船队到达时，有人询问他们此行的目的，船员回答："基督信徒和香料。"欧洲人冒着生命危险也要得到的香料在他们眼里已经有和他们的信仰一样的地位，当然也是他们的财富象征。

（三）中世纪的"黑色黄金"

中世纪的欧洲，胡椒到底有多值钱？对于中世纪的欧洲人来讲，胡椒的价值可不是"真金白银"能比的，法国人形容一件东西价值连城的方式是"贵如胡椒"，奸商们售卖胡椒时更是会在里面兑银屑滥竽充数。因而胡椒这些香料的价值堪比等重量的黄金，胡椒被称为"黑色黄金"。只要有一袋胡椒带在身上，你就会大受欢迎。每次付账的时候掏出一二粒胡椒——简直是太有面子了，因为一粒胡椒等值于一枚金币。

由于胡椒是财富的象征，有幸吃到胡椒的都是贵族，因而他们的习俗总是社会流行趋势的风向标，所以当贵族们往菜里加胡椒时，下层的人们便认为那是非常贵族的高雅的吃法，于是不约而同往菜里加胡椒。加胡椒的人越多，加的胡椒越多，胡椒就越贵，越贵就越有人去吃，越吃就越贵……如此循环之下，胡椒就成了天价了。

（四）坏血病与胡椒贸易

自寻找胡椒的大航海时代开始，坏血病就无时无刻威胁着船员的安全。瓦斯科·达·伽马首次从印度港口满载胡椒返航时，大部分船员逐渐患上了一种坏血症，此病会使皮肤上出现丑陋的紫斑，导致手脚疼痛肿胀，并使牙龈肿大到无法进食。最终坏血症夺走了瓦斯科·达·伽马 2/3 船员的性命。因为航行路途充满危险，瓦斯科·达·伽马此行活着回来的人，均获得了丰厚的报酬。

坏血病直至 19 世纪中叶后多年，仍是造成水手死亡的一大主因。直到 20 世纪初，才由阿克塞尔·霍尔斯特及特奥多尔·弗勒利克证明，其病因是由于船上缺少富含维生素 C 的蔬菜水果，一般靠腌制肉类果腹，导致船员摄取的营养中缺乏抗坏血酸，即维生素 C。

（五）地理大发现与胡椒贸易

公元 15 世纪印度到欧洲的贸易航线被威尼斯商人控制，因此胡椒的运输就受到了影响，本来价格就很高的胡椒，更是被哄抬成了天价，连一般的贵族家庭都快吃不起了。为了打破威尼斯商人对胡椒的垄断，新航路的开辟迫在眉睫。

1492 年 8 月 3 日，意大利人克里斯多弗·哥伦布奉西班牙国王之命，出发寻找印度带回胡椒。由于哥伦布相信地球是圆的，于是他准备横渡大西洋，绕地球往西到达印度。同年 11 月 12 日，到达了巴哈马群岛的圣萨尔瓦多岛（华特林岛），之后又到了古巴岛和海地岛，并于 1493 年 3 月 15 日回航至巴罗斯港。此后哥伦布又三次西航，陆续抵达西印度群岛、中美洲和南美大陆的一些地区，起初，哥伦布以为自己到达的就是印度因而将美洲土著人称作印第安人。这就是人们所称的"新大陆的发现"。

1487—1488 年，葡萄牙人巴托罗缪·迪亚士到了非洲南端的好望角，成为探寻新航路的一次重要突破。1497 年 7 月 8 日，葡萄牙贵族瓦斯科·达·伽马奉葡萄牙国王之命从里斯本出发，绕过好望角，沿非洲东海岸北上，之后由阿拉伯水手马季得领航横渡印度洋，于 1498 年 5 月 20 日到达印度西海岸的卡里库特。这是第一次绕非洲航行到印度的成功，被称为"新航路的发现"。1499 年 8 月，葡萄牙航海家瓦斯科·达·伽马率领满载香料的船队从印度返回葡萄牙的里斯本，此行所获纯利润竟达航行费用的 60 倍。1519 年 9 月 20 日，葡萄牙航海家斐南多·麦哲伦奉西班牙国王之命，横渡大西洋，后进入太平洋。1521 年 3 月到达菲律宾群岛，麦哲伦死于此地。其后，麦哲伦的同伴继续航行，于 1522 年 9 月 7

日回到西班牙，完成了人类历史上第一次环球航行。

（六）胡椒贸易中的卡利卡特港

卡利卡特港，又称科泽科德港，在中国古籍中称为古里。明朝时是西洋大国，位于印度半岛的西南端，西临大海。这个港口因其优越的地理位置成为当时世界上最重要的海上贸易中心，出口的主要货物为胡椒和生姜，人称"香料之都"。而且还因中国明代的郑和与葡萄牙的瓦斯科·达·伽马两位东西方航海家共同的登陆地点及去世地点而著名。

郑和的七次下西洋中，除了第一次是前往现印尼的爪哇岛以外，其余六次均是登陆卡利卡特，并由此前往红海，波斯湾等地。最后一次下西洋到访古里时，郑和就病逝在那里。

郑和首次下西洋于永乐三年（公元 1405 年）冬到达卡利卡特。郑和的船队带来了中国的瓷器和丝绸，而卡利卡特的国王则遣人与郑和船队面对面议价，平等交易，击掌定价，书写两份合约，各收一份，此后无论货物价格升降，双方都信守合同无悔。古里国以六成金币"法南"或银币"答儿"支付货款。随后古里国的富商带来宝石、珍珠、珊瑚等货物来议价，为期 1～3 个月。郑和的船队还把古里作为补充淡水和食物以及向西进入阿拉伯海和非洲海岸的基地。永乐五年（公元 1407 年），郑和第二次下西洋到达古里后，国王接受了中国皇帝明成祖朱棣诏封古里王的敕书和诰命银印。郑和还在古里立石碑亭纪念："其国去中国十万余里，民物咸若，熙嗥同风，刻石于兹，永示万世"。

当瓦斯科·达·伽马于 1498 年到达卡利卡特时，当地人还记得 90 多年前登陆上岸的另一批水手的故事。他们告诉瓦斯科·达·伽马，那些水手"留长发，但是未蓄胡，只在嘴边留髭。他们上岸时身穿铁甲，头戴头盔及面甲，手持某种连着矛的武器（剑）。他们每两年回来一次，每次有 20 到 25 艘船"。他们口中的水手是郑和的舰队水手，相隔 90 多年的两批造访者就这样在卡利卡特"相遇"了。

瓦斯科·达·伽马率领由 4 艘船、约 170 名水手组成的船队由里斯本出发探索绕过好望角通往印度的航线。与之相比郑和率领的船队规模比其大得多，据《明史》记载，郑和奉永乐皇帝之命，率领大小船舶 200 余艘，官兵 27 800 余人，其中大型宝船 62 艘，最大者长 44 丈（1 丈≈3.33 米），宽 18 丈，设有九桅十二帆，最远航线达 6 000 海里（1 海里＝1 852 米）以上，绘制了最早有航路的航海图。郑和船队，规模之宏大，人数之众多，组织之严密，是公元 15 世纪世界上规模最大的船队。

二、胡椒文化掠影

胡椒作为最广泛应用的调味品，在长期的使用过程，形成了独特的文化，并在世界各地形成了独特的美食与特产（彩图 1 至彩图 6）。

第二章 胡椒产业发展现状

第一节 胡椒特性

一、胡椒生物学特性

胡椒植株在高温潮湿地区生长茂盛，自然状态下生长高度可达 7~10 米。在生产上，一般让胡椒植株攀爬在一根支柱上，将其高度控制在 2.5~3 米，通过整形修剪等技术措施促使植株树冠成为圆筒形，冠幅达到 120~200 厘米；也可以用树干较直且枝叶较稀疏的经济林树种，如黄花梨、槟榔、厚皮树、柚木等树体做支柱，一般高度控制在 5 米左右；除单作外，胡椒可与八角、椰子、槟榔、橡胶等生产期长的作物间种，从而达到增加复种指数、提高土地利用率以及以短养长、产生良好经济效益和社会效益的目的。

1. 根（彩图7）

胡椒的繁殖方式为插条繁殖，植株无真正主根。根系由骨干根、侧根和吸收根组成。骨干根由气根及切口根生长发育而成，骨干根上长出侧根，侧根上有细小的吸收根。胡椒根系分布在 0~60 厘米土层，以 10~40 厘米土层最多。

2. 蔓

胡椒的茎也叫蔓，蔓上有膨大的节，节上有排列成行的气根。植株靠气根吸附于支柱上，使蔓能正常生长。蔓节上的叶腋内有处于休眠状态的腋芽，这些腋芽可抽生成为主蔓，并在新蔓基部两侧着生两个副芽。当新蔓损坏后，两个副芽可抽生一条或同时抽生两条新蔓。

3. 叶（彩图8）

叶为椭圆形或卵形。全缘、单叶互生，叶面深绿色，有光泽，叶背浅绿色，具掌状脉。有一条明显的主脉，侧脉从近叶片基部发出，一般有三对。叶柄较短，托叶两枚，膜质，联合成狭长的鞘状，贴生于叶背上，包住顶芽，当芽萌发后，不久就脱落。

4. 花（彩图9）

栽培品种为雌雄同花，穗状花序。花穗着生在枝条节上叶片的对侧，长 6~12 厘米，最长达 15 厘米，上面有 30~150 朵小花。小花呈螺旋状排列。雌蕊卵圆形，柱头 3~5 裂，雄蕊长在雌蕊两侧。

5. 果实和种子 (彩图 10)

胡椒果实为浆果，初期为绿色，成熟时变为红色。种子呈球状，黄白色。种子由种皮、内胚乳、外胚乳和胚等组成。

二、胡椒的植物学特性

(一) 胡椒的生长、结果习性 (彩图 11 至彩图 15)

1. 主蔓

攀缘于胡椒支柱上用于构成胡椒植株主要树型的蔓，叫胡椒的主蔓。胡椒在植后 1~2 个月抽出主蔓，主蔓在第一年生长慢，翌年生长逐渐加快，第三年生长量最大。月生长量可达 50~70 厘米。胡椒主蔓受伤后 (如扭伤或刀伤)，其伤口一般不易恢复而造成永久性伤害，最后导致伤口以上部分枯萎死亡。

主蔓有从叶腋抽生层状分枝的特性，每隔 1~3 个节有一层为数 1~4 条的分枝。

2. 分枝

从主蔓叶腋生的枝条叫作一分枝，从一分枝叶腋抽生的枝条叫作二分枝，依此类推。

分枝每个节上都有一个芽，叫侧芽，由侧芽抽生的枝条以及再从这些枝条上的侧芽抽生的新枝条，统称结果枝。

从主蔓叶腋长出来的分枝及其各级分枝侧芽抽生的结果枝，构成一个独立的枝条体系，叫作枝序。

3. 开花结果

胡椒枝条上的芽是混合芽，花芽和叶芽是同时分化的。水分、养分充足，叶片、花穗同时抽穗；营养生长过旺或不足，则只抽生叶片。

胡椒具周年开花特性，但主花期集中在春季、夏季和秋季。海南地区，主花期在 9—11 月，广东、广西地主花期在 4—5 月，云南地区主花期在 6—7 月。

花穗抽出后 11~17 天，小花开始开放，在一朵花中，雌花比雄蕊先成熟开放，因此，胡椒虽然是雌雄同花，却是异花授粉；小花授粉后逐渐形成小果，小果形成 75 天内迅速增大，之后进入灌浆充实时期，果实逐渐变硬，果实颜色从青绿色转黄而变红时，便完全成熟。胡椒从抽穗开花至果实成熟需 9~10 个月。

三、胡椒的主要类型

目前，全世界栽培的胡椒品种很多，按叶片大小大致可归纳为大叶种和小叶种两个类型。

1. 大叶种 (彩图 16 至彩图 18)

叶大而薄，色浓绿，蔓枝粗而脆，易断裂。植株生长快，长势旺，分枝多，枝条横向生长，冠幅较大；花期比较集中，花穗长，成果率较高；着果有规律，果粒较小，但大小一致，成熟比小叶种稍早。单株产量较高，盛产期达 2~6 千克。经济寿命 20~30 年。大叶种适应性强，较耐肥耐旱，但是容易感染胡椒瘟病和胡椒细菌性叶斑病。我国最早引种并广为种植的胡椒品种，主要为印尼大叶种（也叫南榜），中国热带农业科学院香料饮料研究所（以下简称香饮所），经过几代科技工作者对该品种进行引种试种研究，于 2012 年顺利通过了全国热带作物品种审定委员会审定，并命名为"热引 1 号"胡椒，该品种在我国表现为高产稳产、品质较优、抗寒性较强，推荐为我国胡椒的主栽品种。

2. 小叶种（彩图 19）

叶较小，色浅绿，常有镶嵌斑纹；蔓枝细小而韧，不易折断和破裂。植株生长较慢，枝条短而下垂，因此，冠幅较小；花期不集中，花穗多而短，成果率低；果粒大，成熟较迟且不一致；种子比较辛辣；产量一般比不上大叶种；经济寿命长达30~40 年。小叶种抗病性较强，不易感染胡椒瘟病。海南省曾有少量栽培。

四、我国胡椒适宜种植区划分

根据胡椒对环境及气候条件要求，对我国主要胡椒种植区进行适宜区划分。

1. 最适宜区

年平均气温 24℃以上（云南 23℃以上），最低气温≤2℃出现的概率为零。年降水量 2 000 毫米以上。海南岛东部属于该类型，包括文昌南部、琼海、万宁。该区域高温多雨，没有寒害，胡椒产量高，但雨量集中，风害严重，胡椒易发生瘟病、细菌性叶斑病和水害，必须营造防护林，搞好排水系统和加强病虫害的防治工作。

2. 适宜区

年平均气温 22~24℃（云南 21~23℃），最低气温≤2℃出现的概率为0.1%~10%，年降水量为 1 500~2 000 毫米，该类型又可划分为以下几个区域。

（1）海南岛适宜区

分布在海南五指山北部和南部。包括文昌北部大部分地区、琼山、定安、屯昌、澄迈、临高、儋州、白沙西北部、昌江中部、东方东南部、乐东东北部、保亭南部、三亚北部、陵水。本区胡椒一般能安全越冬，土壤肥力较高，胡椒生长良好。但东部近海区常风较大，台风也较多，应加强营造防护林。

（2）粤西适宜区

分布在广东西南部，包括雷州半岛和茂名市的高州、化州、电白等县。本区水热条件能满足胡椒生长发育需要，产量也较高。但雷州半岛的西半部年降水量在 1 400 毫米以下，加之土壤贫瘠，因此不宜种植。此外，本区每年冬季有寒潮侵袭，因此低温寒害是本区胡椒生产的不利因素，但只要选择好避寒小环境和加强胡椒园的基本建设和管理，一般均可获得较高产量。

（3）滇南、滇西南和滇东南适宜区

滇南（西双版纳）、滇西南适宜区年均温度 21~22℃，年降水量 1 200~

1 500 毫米，最低气温≤2℃出现的概率<5%，其中孟定极端最低温>2℃。越冬条件好，但冬季较旱。滇东南适宜区包括河口、金平、绿春等县的低热河谷或盆地。本区热量丰富，年均温>22℃，年降水量1 600~1 800 毫米，旱季较短。

云南的3个适宜区水热条件适宜，除孟定有阵性大风外，静风多，土壤自然肥力较高，胡椒生长好。但其中河口平流降温较频繁，阴雨天气较多，对胡椒安全越冬不利。其他地区在个别严寒年份会有寒害，应注意防寒。孟定地区还要注意防风。

3. 次适宜区

该区年平均气温20~22℃（云南：19~21℃），最低气温2℃出现的概率为10.1%~20.1%，年降水量1 000~1 500 毫米。可分为以下几个区域。

（1）琼西南部次适宜区

位于海南西南部，包括儋州西部、昌江西北部、东方西部、乐东西南部、三亚南部。该区多数地方极端最低温在5℃以上，热量丰富，越冬条件十分优越，但该区干旱突出，又无灌溉条件，土壤多为肥力低的燥红土。因此，要注意选择靠近水源的地方种植和改良土壤提高肥力。

（2）琼中部次适宜区

包括琼中、白沙东南部、昌江南部、保亭北部。该区处于五指山区，海拔较高，冬季辐射降温明显，气温低，当北方冷空气入侵时，易在山间盆地停滞，本区种植胡椒应注意选择防寒小环境和采取防寒措施。

（3）桂南、粤西北部次适宜区

位于广西南部和粤西北部，包括高州和化州北部、阳江、阳春、信宜，广西北流、陆川、博白（丰产胡椒园每公顷可产5.625吨）、合浦和防城。本区夏半年水热条件好，但冬季常有寒潮侵袭，低温阴雨天气长，胡椒每年都有不同程度的寒害，要选择避寒小环境种植和采取防寒措施。

（4）粤东闽南次适宜区

位于广东东部和福建南部，包括广东的海丰、陆丰、惠来、普宁、潮阳、澄海、饶平和福建诏安、云霄等地。本区北部和西北部有较高的山地屏障，东南受海洋气候影响，年均温达21~22℃，生态环境条件基本满足胡椒正常生长和开花结果需要。丰产胡椒园每公顷产量可达0.75吨以上。本区的寒害、风害较严重，须选择避风、避寒的小环境种植，同时采取防风防寒措施，受害后加强管理才能获得较高产量。

（5）云南沅江河谷次适宜区

位于云南沅江河谷地区，包括沅江市和新平县的漠沙等地。该区年平均气温23.7℃，热量丰富，但偶有低温寒害，且雨量少（沅江只有800毫米左右），应注意宜林地的选择。

（6）滇西南次适宜区

位于云南南部，包括澜沧、景谷、双江、云县、永德、镇康、盈江、陇川、瑞丽的低热河谷或盆地以及六库以南的怒江河谷。本区水热条件基本满足胡椒正常生长和开花结果需要，但在寒害年份，胡椒受害严重，旱季也较长，应注意选择避寒环境，加强防寒措施和旱季灌水、胡椒园死覆盖等。

4. 不适宜区

该区年均温 <20℃，最低气温 ≤2℃ 出现的概率大于 20%，年降水量 <1 000 毫米。包括海南中部海拔较高、平均气温低的地区以及近海沙地，云南西南部海拔 1 000 米以上、东南部 800 米以上、年均温 <20℃ 的地区。

上述胡椒种植适宜区中以海南所占面积最大，因此海南是中国传统胡椒生产优势区，目前种植面积和产量均占全国的 90% 以上，但近年来受胡椒收购价格持续走高影响，云南胡椒种植面积和产量正在迅速增加。

五、我国胡椒优势区域布局

根据我国胡椒不同优势区域气候、地形地势、基础设施、产业发展状况等条件，划分为以下两个区域。

（一）海南优势区

基本情况：本区域年平均气温 ≥23℃，最低气温 >2℃，全年无霜，年降水量 ≥1 700 毫米。范围包括海南的海口、文昌、琼海、万宁和定安 5 个县（市）。平均亩（1 亩≈667 平方米）产 153 千克，高于全国平均水平。主花期以秋季为主，果实成熟期 5—7 月。

发展优势：光、热、雨量等自然资源丰富，没有寒害；地势平缓，交通便利，农田基础设施条件好，种植历史较长，产业基础好，种植技术较先进；规模化加工初具雏形，产销体系相对完善。

限制因素：风害严重；雨量集中，易发生瘟病、细菌性叶斑病；连作障碍初步显现。

下一步方向：营造防护林，推广抗风栽培技术；加强排水设施建设，强化病虫害防控；示范推广小型机械化深翻施肥、复合栽培、水肥一体化等技术。

（二）云南优势区

基本情况：本区域年平均气温 ≥20℃，最低气温 ≤2℃ 出现的频率 ≤5%，年降水量 ≥1 200 毫米。范围包括红河的绿春、河口、金平，德宏的盈江，临沧的耿马，保山的隆阳 6 个县（区）。平均单产 137 千克/亩，低于全国平均水平。主花期以夏季为主，果实成熟期 3—4 月。

发展优势：热量丰富，日照时数长，无台风危害。

限制因素：冬季受寒害危害、春季易发生干旱；地形以山地为主，交通不便，基础设施差；种植技术普及率不高，种植水平低。

下一步方向：加强节水增效、防瘟防寒等技术研究与示范推广；加强胡椒园基础设施建设；引导发展新型合作组织，完善营销体系；推广标准化栽培技术，提高种植水平。

第二节 胡椒种质资源

一、胡椒资源多样性与产业发展

胡椒为胡椒科胡椒属多年生藤本植物。胡椒属是基部被子植物（Basal angiosperms）中最大的属之一，有1 000~2 000个植物种类，植物资源极为丰富，主要分布于东南亚、拉丁美洲及环太平洋岛国。胡椒属丰富的种质资源为优良品种的筛选和培育提供了重要的亲本来源，具有重要的利用价值。胡椒的栽培品种主要分布于印度、印度尼西亚、马来西亚和斯里兰卡等国。

印度是胡椒的起源地和最早栽培胡椒的地区，栽培历史超过2 000年。印度拥有大量的胡椒资源，同时也是世界胡椒栽培品种最多的国家，在印度种植广泛的品种有60个以上。印度国家农作物研究中心（NRCS）收集保存了184份胡椒种质，并培育出"KS-14""KS-27"等多个高产品种。喀拉拉邦农业大学通过品种鉴定评价筛选出高产品种"Culture141"和"Culture331"两个新种，通过品种鉴定评价筛选出高产品系Line 239和331，以及抗根腐病品系54。采用针刺接种法对胡椒种质进行了抗瘟病评价研究，筛选出具有抗性的2个野生种质和4个Kottanadan品系。印度班尼约尔胡椒站收集保存了63个栽培品种、117个野生种、7 000个杂交组合亲本和后代。截至2010年，马来西亚胡椒局共收集保存了145个栽培种质和259个野生种质。斯里兰卡农产品出口局（DEA）收集了82份胡椒栽培种资源，并对其评价了产量和品质性状。

无性系选择法是目前普遍应用的育种方法，世界范围内栽培的多数胡椒品种均是采用这种方法选出的。印度胡椒研究站推出的Panniyur 4就是利用无性系育种方法从Kuthiravally品种中选出的。该站利用同样的方法筛选出了Panniyur 6。印度香料研究所分别从品种Karimunda、Aimpiriyan和Ottaplackal中选出了Subhakara、Sreekara、Panchami和Poumami，产量都达到了2 000千克/公顷以上。大部分胡椒生产国均采用该技术，在原有品种的基础上，进一步筛选适合本国环境、性状优良的新品种。另外，胡椒具有高度杂合的基因组，胡椒存在一定比例的异株授粉而产生杂交后代，种子具有遗传杂合性和杂交结实性使得基于自由授粉子代的无性系育种成为可能。马来西亚从印度品种Balankotta和Cheriyakaniyakkadan的种子后代中筛选出5个优异株系（彩图20至彩图21）。1989年，印度胡椒研究站采用自由授粉后代选择方法，从Balankotta的实生苗后代中选育出品种 Panniyur 2，其产量达 2 570 千克/公顷。其后续改良品种 Panniyur 5 和 Panniyur 7 也分别是从 Perumkodi 和 Kuthiravally 自由授粉后代中分别选育出来的。

目前，全世界有 20 多个国家种植胡椒，胡椒种植面积近 50 万公顷，总产量 40 多万吨。其中绝大多数集中在亚洲，该区域胡椒种植面积最大，产量最高，接近全世界总产量的 80% 左右；其次为南美洲，产量约占世界总产量的 18%。据世界胡椒共同体（ICP）统计，2016 年越南、印度、印度尼西亚、巴西、中国和斯里兰卡等胡椒主产国产量分别为 14.6 万吨、8.6 万吨、7.2 万吨、4.2 万吨、4.0 万吨和 3.2 万吨，占世界胡椒产量的前 6 位。

香饮所对我国胡椒资源主要分布区域开展资源考察和收集活动。自 20 世纪 50—60 年代以来，对海南、云南、广东、广西、福建等 12 省区收集野生近缘种、栽培品种、育种材料等种质资源 177 份，其中野生近缘种 56 种、138 份，栽培品种和育种材料 39 份，已收集我国野生近缘种的 85% 以上、已知栽培品种和育种材料的 95% 以上；借助多种引种途径，从印度尼西亚、越南、马来西亚、巴西、厄瓜多尔、哥斯达黎加、科摩罗等 20 多个国家引进胡椒资源 18 种、38 份，其中首次引进墨西哥胡椒、假荜拔（P. retrofractum）等野生近缘种 12 种（彩图 22）。

二、胡椒种质资源采集、繁育与保存

我国胡椒资源分布在东起台湾、西到西藏、北至陕西、南达海南的广阔地理范围内，北缘线东起浙江宁波，经江西庐山、湖北通山、恩施和宜昌、陕西平利、西乡、宁强以及四川北部峨眉山，到达西藏墨脱、林芝等地，大致与年平均温度 17℃ 等温线接近。云南是我国胡椒属物种多样性最高的区域，种数高达 39 个，占全国分布数量 60% 以上，广西 16 种，其次为海南、广东和西藏，物种数量介于 10~15 种，我国台湾、四川和贵州等地的物种数量均低于 10 种，其中甘肃和陕西分别仅有石南藤和竹叶胡椒。胡椒属植物在海拔 0~3 000 米均有分布，集中分布于 500~1 500 米，大部分物种海拔跨度较小，如河池胡椒、中华胡椒、柄果胡椒等，仅有假蒟等少数种类海拔跨度大于 800 米。

分析不同地区胡椒属物种组成相似性发现，物种组成相似系数最高为广西和广东，其次为四川和贵州、广西和贵州、广东和贵州、广东和海南以及广西和海南，说明广西、广东、贵州和海南 4 省区联系紧密，共有种数较多。我国台湾与浙江、福建、广东和广西的相似性系数最低，与其他省不存在相关性。可见，我国胡椒属植物分布呈明显地域性特征，各省特有种比例高、物种组成相似性低。并根据胡椒环境要求和不同地区气候特点，对胡椒在亚洲的适宜分布区建立模型，发现胡椒栽培种的适宜分布区主要位于印度半岛东部和西部海岸、苏门答腊群岛东部、马来群岛部分地区、中国东南沿海，覆盖了除巴基斯坦和不丹外各南亚和东南亚国家。

通过系统收集引进国内外胡椒野生近缘种、栽培品种和育种材料等种质资源

72 个种、217 份，香饮所在我国海南省万宁市兴隆镇所本部，建立国家级胡椒种质资源圃，使我国成为仅次于印度的第二大胡椒资源保存国，为今后资源创新利用和新品种培育奠定了丰富的资源基础（彩图 23 至彩图 43）。

第三节　胡椒产业发展现状

一、世界胡椒发展概况

（一）地理分布

胡椒原产于印度西海岸西高止山脉的热带雨林，素有"香料之王"的美誉，至今已有 2 000 多年的栽培历史。中世纪由葡萄牙人传入马来群岛，此后由荷兰人传入斯里兰卡、印度尼西亚等地。19 世纪中叶，中南半岛各国也开始种植，后逐渐在世界热区普遍种植。

胡椒属常绿藤本植物，根系浅，对光、温、水、风、土壤等条件的要求较高。其中，温度是胡椒生长和分布限制因素。目前，世界胡椒多分布在南北纬 20° 之间，年平均温度在 25~29℃，月平均温差不超过 3~7℃。胡椒要求充沛而分布均匀的降水量，但最忌积水。降水量过于集中，土壤含水量过多，排水不良，对胡椒生长不利。胡椒多栽培在海拔 500 米以下的平地和缓坡地，以土层深厚、土质疏松、排水良好、pH 值 5.5~7.0、富含有机质的土壤最为合适。

（二）世界主要种植区域及面积

由于胡椒受自然气候影响较大，易遭病虫为害，产量极不稳定。20 世纪 60 年代全世界胡椒产量仅为 11 万吨左右，经过近 30 年的发展，20 世纪 90 年代初世界胡椒产量突破 20 万吨。此后，尽管胡椒产量仍有所起伏，但整体上升较快，2000 年世界胡椒产量突破 30 万吨，2015 年已突破 40 万吨。目前，全世界有 40 多个国家种植胡椒，胡椒种植面积近 50 万公顷，总产量近 59.2 万吨（表 2-1）。其中绝大多数集中在亚洲，该区域胡椒种植面积最大，产量最高，接近全世界总产量的 80% 左右；其次为南美洲，产量约占世界总产量的 18%。据世界胡椒共同体（ICP）统计，2019 年越南、巴西、印度尼西亚、印度、中国和马来西亚等胡椒主产国产量分别为 28 万吨、8 万吨、7.8 万吨、4.8 万吨、3.2 万吨和 2.4 万吨，占世界胡椒产量的前 6 位（表 2-2）。

表 2-1　世界主产国胡椒种植面积

2010—2019 年世界胡椒主产国种植面积　　　　　　　（单位：公顷）

国别	2010 年	2011 年	2012 年	2013 年	2014 年	2015 年	2016 年	2017 年	2018 年	2019 年
巴西	23 263	21 089	19 427	18 472	20 000	22 110	25 660	27 730	30 503	31 000

（续表）

国别	2010 年	2011 年	2012 年	2013 年	2014 年	2015 年	2016 年	2017 年	2018 年	2019 年
印度	182 000	189 100	196 200	197 000	198 000	198 500	13 1790	134 280	138 556	134 838
印度尼西亚	110 621	110 900	112 856	113 000	115 000	116 000	117 000	117 500	117 900	118 200
马来西亚	15 000	15 000	14 791	15 000	16 000	16 300	16 700	17 000	17 437	17 477
斯里兰卡	30 931	31 296	31 667	31 997	31 296	31 670	34 997	36 221	40 241	41 000
越南	51 000	52 500	54 500	61 500	85 500	97 500	105 000	110 000	100 011	115 000
中国	17 498	16 568	17 125	17 425	18 188	19 000	20 000	20 000	20 000	21 000
马达加斯加	4 000	4 000	4 000	4 000	4 000	4 000	4 000	4 000	4 000	4 000
泰国	1 991	1 210	734	412	412	500	500	500	500	614
柬埔寨	850	900	1 500	2 300	2 700	4 600	6 100	6 700	7 471	7 471
厄瓜多尔及其他国家	2 500	2 600	2 500	2 500	2 600	2 700	2 800	2 800	2 800	2 800
合计	439 654	445 163	455 300	463 606	493 696	512 880	464 547	476 731	479 419	493 400

表 2-2　世界主产国胡椒年产量

2010—2019 年世界胡椒主产国产量　　　　　　　　（单位：吨）

国别	2010 年	2011 年	2012 年	2013 年	2014 年	2015 年	2016 年	2017 年	2018 年	2019 年
巴西	34 000	35 000	32 000	34 000	39 000	44 000	41 600	65 000	72 000	80 000
印度	50 000	48 000	43 000	65 000	37 000	70 000	48 500	57 000	64 000	48 000
印度尼西亚	59 000	47 000	75 000	63 500	52 000	80 000	77 000	75 000	70 000	78 000
马来西亚	23 500	25 000	23 000	19 000	20 500	22 500	23 000	23 500	31 073	24 000
斯里兰卡	17 332	10 834	18 604	28 000	14 139	28 177	18 485	29 545	20 135	19 360
越南	110 000	120 000	118 000	122 000	148 760	122 000	170 000	200 000	205 000	280 000
中国	32 000	32 300	28 000	28 000	28 000	29 000	29 000	26 000	35 000	32 000
泰国	6 391	4 395	4 000	6 000	6 000	5 500	5 000	5 000	5 000	5 000
马达加斯加	5 018	4 092	4 000	4 000	4 000	4 000	3 500	4 000	4 000	4 000
柬埔寨	1 300	1 500	5 400	6 000	7 500	7 500	11 800	20 000	20 551	16 586
厄瓜多尔及其他国家	3 000	3 250	3 500	3 800	2 500	2 500	3 700	5 000	6 000	5 000
合计	341 541	331 371	354 504	379 300	359 399	415 177	431 585	510 045	532 759	591 946

（三）世界胡椒贸易、消费

世界胡椒消费品主要为黑胡椒，占胡椒制品总量的 80%～85%，而白胡椒仅为 15%～20%，另外还有少部分青胡椒。这与国内白胡椒为主的产品结构刚好相反，这种差异与不同市场的消费习惯有关。

从世界胡椒生产量看，全球胡椒生产量逐步上升，2011 年世界胡椒生产量为 38.5 万吨，至 2015 年已逐步增加为 42.0 万吨，年均增长率为 4.2%，其后全球生产量迅速增加，至 2019 年已增加到 59.6 万吨，年均增长率为 7.0%。而在生产量变化的背后，是胡椒消费和价格的驱动。2014年以前消费量大于生产量，胡椒价格逐年提高，为了满足消费需求，生产量逐年上升，但由于胡椒种植需2~3年才能投产，这种生产量的提高并未立刻体现在产量上；2015年胡椒价格到达最高，此时消费市场由于价格过高而出现下滑，但随着前期种植的胡椒逐步投产，产能逐步释放并在生产量上体现，此时生产量大于消费量，胡椒价格自此开始出现下降；2015年后，随着生产量大幅增加，生产量远大于需求量，胡椒价格开始出现断崖式下跌，此时价格下降带动消费量逐步上升（表2-3）。从上述三者变化来看。供求关系的变化主导了胡椒价格，反过来影响胡椒消费量，最终使得其与生产量基本持平。

表2-3　2011—2019年世界胡椒生产量与消费量　　　　　（单位：万吨）

项目	年　度								
	2011年	2012年	2013年	2014年	2015年	2016年	2017年	2018年	2019年
生产量	33.8	39.2	38.8	40.0	45.4	48.5	51.3	52.9	59.6
消费量	38.5	39.4	40.3	41.2	42.0	43.1	44.8	47.8	51.1

　　从世界胡椒消费国来看，消费国不仅包括发达国家，一些主产国也是重要的消费国。北美和欧洲属于纯消费地区，消费量占到了世界消费量的41%，主要国家为美国、加拿大和欧盟各国；而印度和中国等胡椒生产国，其国内消费量也占到总量的39%；中东地区消费量占8%，主要为阿拉伯国家；非洲和亚洲各占6%，主要为埃及、新加坡、日本等国（图1）。

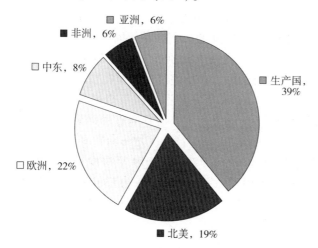

图1　世界胡椒主要消费地区

（资料来源：世界胡椒共同体数据）

（四）胡椒的社会生态效益

1. 社会效益

胡椒为典型热带植物，多种植在越南、印度尼西亚、印度、马来西亚、巴西等热带发展中国家，而消费则集中在欧美、日韩、中东等发达国家，因此从事胡椒种植、加工、贸易等产业链的就业人口众多。目前全世界胡椒种植面积近50万公顷，每年贸易金额达数十亿美元，从业人员2 000多万人口，是发展中国家胡椒从业人员的最主要经济来源；我国胡椒多种植在海南和云南的少数民族和边境地区，产业稳定发展有利于促进民族团结、边疆稳定和地方经济发展对于改善落后地区贫困状况、促进经济发展具有重要意义。社会效益显著。

2. 生态效益

传统种植过程中，肥料施用量大，在雨季随雨水下渗进入地下水或者随径流进入到地表河流，容易带来面源污染。通过复合栽培、水肥一体化、主要病害轻简化防控等技术的推广应用，在减少肥料、农药施用的同时，可有效降低水土流失，提高土壤质量，使土地利用更趋合理，实现生态的良性循环。通过清洁高效加工技术的推广应用及精深加工产品研发，减少加工废弃物污染，提高资源利用效率，有利于实现产业与环境协调发展。

二、中国胡椒产业现状

（一）种植现状

我国最早于1947年开始引种胡椒，目前主要在海南和云南种植，据海南年鉴智研咨询统计，2014—2020年我国胡椒种植面积超过2.5万公顷，年总产量超过3.6万吨，面积和产量世界排名分别是第6位和第5位，其中海南省是主产区，种植面积超过2.1万公顷，产量超过3.5万吨以上，其中文昌、琼海、海口是海南胡椒主要种植区。2019年海南省文昌市胡椒种植面积最多为6 887公顷，占海南胡椒种植面积的30.86%；其次是海南省琼海市胡椒种植面积为6 870公顷，占海南胡椒种植面积的30.78%；再次是海南省海口市胡椒种植面积为3 407公顷，占海南胡椒种植面积的15.26%。2019年海南省文昌市胡椒产量为13 356吨，同比增长4.8%；海南省琼海市胡椒产量为13 439吨，同比增长2.5%；海南省万宁市胡椒产量为6 913吨；海南省安定县胡椒产量为3 227吨，同比下降9.3%（图2）。

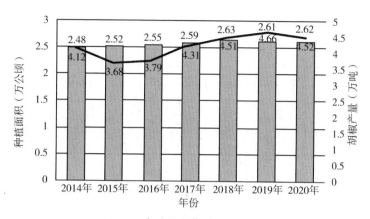

2014—2020 年中国胡椒种植面积及产量

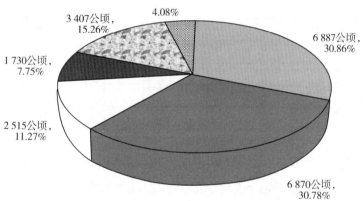

文昌市　琼海市　万宁县　安定县　海口市　其他

2019 年海南省主要地区种植面积及占比

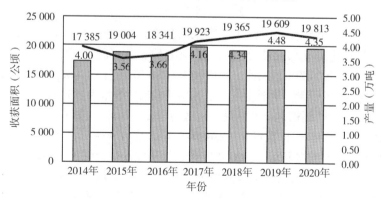

2014—2020 年海南省胡椒收获面积及产量

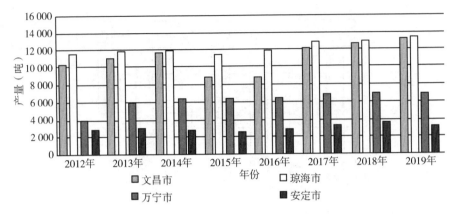

2012—2019 年海南省主要产区胡椒产量

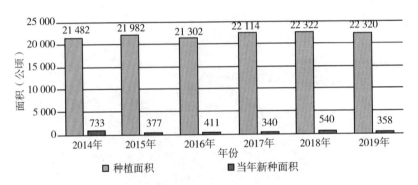

2014—2019 年海南省胡椒种植面积及当年新种面积
图 2　我国胡椒种植及产量现状

（二）胡椒进出口现状

1. 未磨胡椒

我国胡椒需求量较大，2020 年中国未磨胡椒进口数量为 17 777 吨，同比增长 48.5%；中国未磨胡椒出口数量为 1 164 吨，同比下降 24.6%。其中，2020 年中国未磨胡椒出口数量最多地区为中国台湾，出口数量为 199 371 千克；其次是罗马尼亚，未磨胡椒出口数量 144 163 千克；再次是美国，未磨胡椒出口数量为 133 232 千克。

2020 年中国未磨胡椒进口数量最多地区为印度尼西亚，进口数量超过 1 117 吨；其次是越南，未磨胡椒进口数量超过 670 吨；再次是马来西亚，胡椒进口数量超过 140 吨。据中国海关数据显示，2020 年中国未磨胡椒进口金额为 5 161.5 万美元，同比增长 34.5%；中国未磨胡椒出口金额为 772.2 万美元，同比下降 6.3%。

2020 年中国未磨胡椒出口金额最多地区为德国，出口金额超过 140 万美元，占总未磨胡椒出口金额的 17.57%；其次是美国地区，未磨胡椒出口金额超过 120 万美元，占总未磨胡椒出口金额的 14.81%。其中，2020 年中国未磨胡椒进口金额最多地区为印度尼西亚，进口金额超过3 350万美元，占未磨胡椒总金额的55.22%；其次是越南地区，未磨胡椒进口金额超过1 570万美元，占未磨胡椒总金的25.92%（图3）。

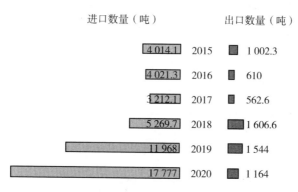

2015—2020 年中国未磨胡椒进出口数量

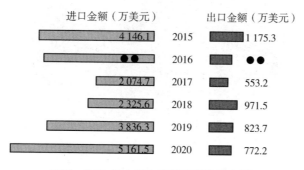

2015—2020 年中国未磨胡椒进出口金额

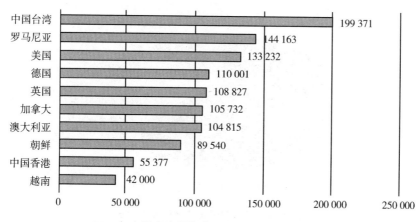

2020 年中国未磨胡椒出口数量前十地区（千克）

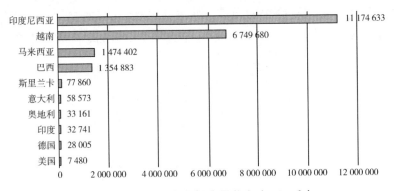

2020 年中国未磨胡椒进口数量前十地区（千克）

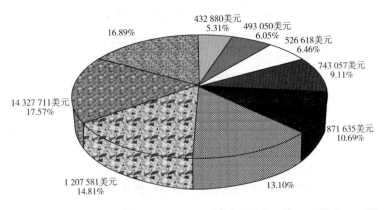

2020 年中国未磨胡椒主要出口金额地区

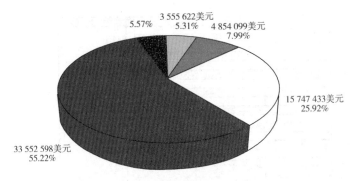

2020 年中国未磨胡椒主要进口金额地区

图 3　中国未磨胡椒进出口状况

2. 已磨胡椒

2020 年中国已磨胡椒进口数量为 946.9 吨，同比增长 16.6%；中国已磨胡椒出口数量为 1 396.1 吨，同比增长 22.5%。

2020 年中国已磨胡椒主要进口地区为越南，进口数量超过 50 吨，占总已磨胡椒进口数量的 51.1%；其次是巴西，已磨胡椒进口数量超过 20 吨，占总已磨胡椒进口数量的 19.2%；再次是印度，已磨胡椒进口数量约 16 吨，占总已磨胡椒进口数量的 15.4%。

2020 年中国已磨胡椒出口数量最多地区为罗马尼亚，出口数量超过 50 吨；其次是中国香港，已磨胡椒出口数量约为 27 吨；再次是德国，已磨胡椒出口数量约为 25 吨。

据中国海关数据显示，2020 年中国已磨胡椒进口金额为 395.6 万美元，同比下降 7.4%；中国已磨胡椒出口金额为 747.6 万美元，同比增长 10.8%。

2020 年中国已磨胡椒进口金额最多地区为越南，进口金额超过 180 万美元，占已磨胡椒进口金额的 42.61%；其次是印度，已磨胡椒进口金额超过 70 万美元，占已磨胡椒进口金额的 16.64%；再次是巴西，已磨胡椒进口金额约为 48 万美元，占已磨胡椒金额的 10.82%。

2020 年中国已磨胡椒出口金额最多地区为美国，出口金额超过 170 万美元；其次是越南已磨胡椒出口金额超过 150 万美元；再次是罗马尼亚，已磨胡椒出口金额超过 140 万美元（图 4）。

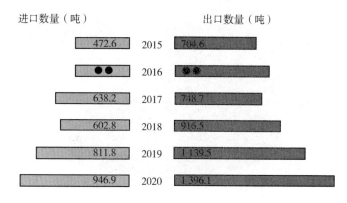

进口数量（吨）		出口数量（吨）
472.6	2015	704.6
●●	2016	●●
638.2	2017	748.7
602.8	2018	916.5
811.8	2019	1 139.5
946.9	2020	1 396.1

2015—2020 年中国已磨胡椒进出口数量

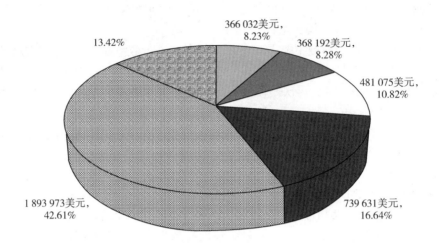

366 032美元，8.23%

368 192美元，8.28%

481 075美元，10.82%

13.42%

1 893 973美元，42.61%

739 631美元，16.64%

■ 印度尼西亚　■ 中国香港　□ 巴西　■ 印度　▨ 越南　▥ 其他

2020 年中国已磨胡椒主要地区进口金额占比

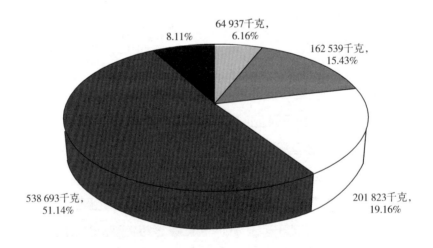

64 937千克，6.16%

8.11%

162 539千克，15.43%

538 693千克，51.14%

201 823千克，19.16%

■ 印度尼西亚　■ 印度　□ 巴西　■ 越南　■ 其他

2020 年中国已磨胡椒主要地区进口数量占比

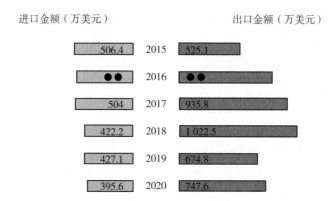

进口金额（万美元）　　　　　出口金额（万美元）

	2015	506.4	525.1
	2016	●●	●●
	2017	504	935.8
	2018	422.2	1 022.5
	2019	427.1	674.8
	2020	395.6	747.6

2015—2020 年中国已磨胡椒进出口金额

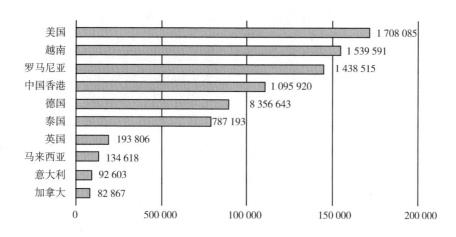

美国	1 708 085
越南	1 539 591
罗马尼亚	1 438 515
中国香港	1 095 920
德国	8 356 643
泰国	787 193
英国	193 806
马来西亚	134 618
意大利	92 603
加拿大	82 867

2020 年中国已磨胡椒出口金额前十地区（美元）

图 4　中国已磨胡椒进出口状况

（三）中国胡椒贸易及消费

胡椒消费产品主要有黑胡椒和白胡椒，世界上 80% 的胡椒产品为黑胡椒，白胡椒仅占 20% 左右。而我国传统胡椒产品以白胡椒为主，占国内总产量 90% 以上，黑胡椒仅有 10% 的份额。这主要与国内消费市场以白胡椒为主有关。据统计，目前国内白胡椒均以内销为主，仅少部分优质白胡椒以供出口；而黑胡椒生产量难以满足国内市场需求，近年来黑胡椒进口量逐年攀升。

随着国内胡椒需求量不断上升，我国胡椒生产量已难以满足国内市场需求。

据统计，2013—2016 年中国胡椒消费量分别为 4.4 万吨、4.6 万吨、4.8 万吨和 4.9 万吨，而同期国内胡椒产量仅为 3.9 万吨、4.3 万吨、4.1 万吨和 4.3 万吨，胡椒消费量增量已远大于同期国内产量；2020 年我国胡椒消费量为 7.0 万~8.0 万吨，而国内胡椒产量仅为 4.1 万吨，国内胡椒消费市场空间巨大。随着我国人民生活水平的不断提高和饮食结构的变化，以及胡椒产品用途扩大和胡椒新产品不断研发，今后我国胡椒消费量仍将不断增加。

三、我国胡椒产业发展历程

1. 海南胡椒发展历程

海南省胡椒种植最早可追溯至 1947 年，当时由华侨在海南琼海市引种试种，之后先后引种于琼海市塔洋镇和万宁市的兴隆华侨农场，以后相继在海南农垦各个农场试种成功。发展初期，由于多以自给自足为主要目的，因而整体种植面积少，1957 年海南省的胡椒种植面积仅为 27 公顷，1962 年种植面积上升为 107 公顷，产量为 380 吨；1971 年种植面积逐步上升为 0.42 万公顷，产量约为 3 280 吨，之后因病害的影响种植面积逐年下降，至 1977 年种植面积降为 0.17 万公顷，产量为 344 吨。1978 年以后种植面积又逐年上升，至 1989 年种植面积约 1.27 万公顷，之后由于受台风及价格的影响种植面积又逐年下降，至 1993 年种植面积降为约 1 万公顷，产量为 7 200 吨，1994 年后由于价格的回升，胡椒种植面积又有所回升，至 2003 年年底，胡椒种植面积约达 2.67 万公顷，年产量超过 2 万吨。目前，海南胡椒的种植面积，主要集中在琼海、文昌、万宁、海口等市县，四市县种植面积约占全省总胡椒种植面积的 77.2%，产量约占全省总产量的 82.9%，上述四市县的胡椒种植面积和产量分别占全省胡椒种植面积和产量的 36.9% 和 39.8%、22.0% 和 16.5%、13.5% 和 22.1% 以及 4.8% 和 4.5%（图 5）。

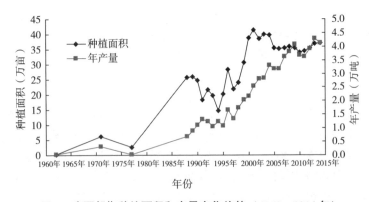

图 5　我国胡椒种植面积和产量变化趋势（1962—2014 年）

2. 国内其他地区

自 20 世纪 60 年代初开始，国内主要热区，如云南、广东、广西和福建等省区逐步开始种植胡椒，并形成一定规模，至 90 年代前曾一度达种植高峰，种植面积最高达 1 万多公顷，但 90 年代之后因受客观因素等影响，胡椒种植面积和产量波动较大，产业发展极不稳定，特别是广东、广西、福建、云南等地，由于受瘟病及寒害等因素的影响，加之 20 世纪 90 年代国内胡椒市场价格的持续低迷，直接导致这些地区胡椒种植园被其他经济作物所替代，广西、福建仅有零星种植，广东仅有湛江、茂名有少量种植，面积不足 300 公顷。

随着我国胡椒标准化生产技术体系的逐步建立与推广应用，进入 21 世纪以后，我国胡椒产业逐步进入稳定发展期，并且优势种植区逐步向气候条件优越、产业链不断完善的一些地区集中。目前我国胡椒种植面积近 40 万亩，80% 以上种植在海南，云南占 15% 左右，广东只有少量种植，面积不足 5%。

四、我国胡椒产业研究历程

华南热带作物研究院兴隆试验站（现"香饮所"前身）是我国最早开展、且是国内唯一专业从事胡椒产业化配套技术研发的国家级科研机构，另有云南德宏热带作物科学研究所、云南农业科学院热带亚热带经济作物研究所部分科技人员在开展胡椒某一领域、学科的研究工作，此外一部分企事业干部职工、一线技术人员在从事胡椒科技推广及生产一线科研实践工作。我国胡椒产业研究经历了从引种试种、丰产栽培、标准化生产到高质高效生产 4 个研究阶段，研发的产业配套化技术成果日趋完善，处于世界领先水平。

1. 引种试种阶段

本阶段主要是从 20 世纪 50 年代开始至 70 年代末 80 年代初时期，该时期的研究主要集中于胡椒在我国各地区的适应性种植研究为主，包括胡椒的生物学特性研究，胡椒在我国各地区对土壤、温度、气候条件的适应性，以及胡椒引进后主要病虫害的发生发展规律研究等。如广东农垦宣教处的万紫千红 1959 年发表于《中国农垦》"胡椒快速繁殖法"、福建《亚热带植物通讯》1975 年发表的"常山农场胡椒培育壮苗法"、福建方忠平 1978 年发表于《福建热作科技》的"胡椒引种试种报告"、广东郑心柏 1980 年发表于《热带作物研究》的"关于提高胡椒春花产量的探讨"、广东郑心柏 1980 年发表于《热带作物研究》"用红葡萄酒防治胡椒花叶病初报"、云南扬俊陶 1980 年发表于《云南热作科技》"云南胡椒园选择"、广西郭可展等 1981 年发表于《农业气象》的"胡椒塑料大棚及有色薄膜防寒试验初报"等。

2. 丰产栽培阶段

本阶段开始于 20 世纪 70 年代初至 2000 年左右，此一时期主要围绕如何提高胡椒单位面积产量（包括种苗标准、单株胡椒种苗定植株数、种植密度、支柱的选择、支柱的长度、留蔓条数、剪蔓次数、施肥技术等）、如何防治胡椒的主要病虫害（包括胡椒瘟病、胡椒细菌性叶斑病）等，本阶段主要的成果及技术主要有胡椒瘟病防治研究，胡椒细菌性叶斑病的防治，胡椒摘叶技术，胡椒整形修剪技术，胡椒园椰糠覆盖技术，落叶剂提高胡椒产量的效应、胡椒丰产栽培及矿物质营养诊断指导施肥技术，胶椒间作研究，有关橡胶、胡椒八项科技成果的推广，橡胶热作种质资源主要性状鉴定评价等，收集国内外野生及栽培胡椒种质资源 26 份。

3. 标准化生产技术阶段

本阶段为 2000—2015 年，主要是在胡椒单株高产种植技术、主要病虫害防治技术等研究的基础上，围绕胡椒产业的配套化、标准化生产技术进行研究，标志性的成果及技术主要有我国胡椒标准化生产技术体系的建立与应用，海南省优势农产品区域布局规划，胡椒栽培科普图书及应用、胡椒种质资源收集保存、鉴定评价与利用、海南省地方及农业行业标准《胡椒栽培技术规程》（DB 46/T 24—2012）（NY/T 969—2013）、海南省地方及农业行业标准《胡椒初加工技术规程》（NY/T 2808—2015），云南省干热区、湿热区地方标准《胡椒栽培技术规程》，农业行业标准《胡椒插条苗》（NY/T 360—1999）、《热带作物主要病虫害防治技术规程　胡椒》（NY/T 2816—2015），海南省地方标准《热带作物种质资源描述及评价规范　胡椒》（NY/T 3003—2016）、《胡椒叶片营养诊断技术规程》（DB 46/T 206—2011）、《胡椒优良种苗培育技术规程》（DB 46/T 26—2012）、《胡椒瘟病防治技术规程》（DB 46/T 242—2013）、《胡椒细菌性叶斑病防治技术规程》（DB 46/T 243—2013）、《胡椒根结线虫病防治技术规程》（DB 46/T 244—2013）等，建立国家级胡椒种质资源圃"万宁胡椒种质资源圃"，审定我国首个胡椒主栽品种"热引 1 号胡椒"。

4. 高质高效生产阶段

本阶段开始的时间大致在 2012 年以后，主要是在我国胡椒标准化生产技术体系建立的基础上，围绕国家优势农产品区域布局，针对我国胡椒农产品优势区域进行配套化的高质高效生产技术开展相应研究，以提高优势区域胡椒产业效益和可持续发展。主要的成果及技术有胡椒连作障碍形成机理及间作槟榔消减关键技术研究、胡椒生态高值加工关键技术研究与集成应用等获奖成果，胡椒机械化施肥技术、胡椒水肥一体化技术、胡椒复合种植技术等。

总之，经过 70 多年的发展，我国胡椒研究队伍也日益壮大，学科体系日趋完善，目前以香饮所为主的我国国家级专业从事胡椒研究团队达 30 多人，研究学科领域从种质资源收集保存、鉴定评价及创新利用，到耕作栽培、病虫害绿色防控、产品初加工及精深加工等产前、产中、产后全产业链过程，解决了我国不同区域胡椒配套化生产技术问题，为我国实施热区脱贫攻坚、巩固脱贫攻坚成果、乡村振兴战略及一带一路倡议等提供了技术支撑。培养了以陈封宝、林鸿顿、张籍香、黄根深、邢谷杨等为代表的一大批著名的胡椒科技专家（彩图44至彩图51）。

五、胡椒产业科研进展

（一）资源育种研究方面

1. 中国率先完成国内胡椒主栽品种"热引1号"精细基因组图谱绘制

香饮所胡椒研究团队，结合 PacBio 三代测序、10X Genomics、基于直接标记和染色的 BioNano 单分子光学图谱和 Hi-C 染色体交互捕获四种测序技术，首次完成中国胡椒主栽品种"热引1号"精细基因组图谱绘制，通过比较基因组、基因表达、序列进化分析，初步解析胡椒进化特征和胡椒碱合成分子机制，为胡椒功能基因组研究和品种选育提供基因数据和理论参考（图6）。

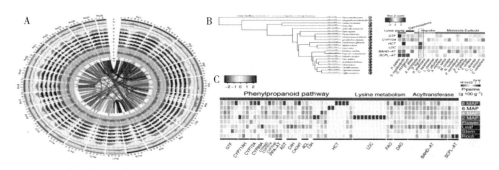

A—胡椒基因组基础信息；B—与胡椒碱合成相关的基因家族扩张分析；C—与胡椒碱合成相关基因的表达模式。

图6　胡椒基因组测序及分析

2. 国内胡椒品质资源收集与品种选育

香饮所通过资源考察收集保存野生近缘种、栽培品种、地方品种等种质材料72个种、217份，于2012年获批"农业部万宁胡椒种质资源圃"，使我国成为仅次于印度的第二大胡椒资源保存国。郝朝运等通过系统鉴定评价，筛选出粗穗胡椒、黄花胡椒等5份高抗瘟病种质，假煤点胡椒和竹叶胡椒等4份抗寒能力较强种质，海南蒟和大叶蒟等7份长果穗种质。

由于种质资源研究时间不长，我国的胡椒品种主要以引进为主。从20世纪50年代开始，我国陆续从国外引进了一些胡椒栽培品种，如印尼大叶种、古晋胡椒（*P. nigrum* cv. Kuching）、柬埔寨小叶种胡椒（*P. nigrum* cv. Kamchay）、班尼约尔1号胡椒（*P. nigrum* cv. Panniyur 1）、假荜拔（*P. retrofractum*）等。邬华松等以印尼大叶种的自然群体为材料，选育出适合我国环境气候的品种"热引1

号"，该品种具有产量高、长势旺等优点，是我国的主栽品种，种植面积占 90%以上。潘学锋等（1999）从印度引进"班尼约尔 1 号"胡椒在海南兴隆地区试种成功，但是没有大面积推广种植，仅在部分地区有零星种植。基于引进品种的自然群体，郑维全等（1998）筛选出"73-F-5""云选 1 号"等优良栽培种质，其中 73-F-5 具有冠幅大、枝序柔韧、抗风能力强的特点，云选 1 号具有花穗多、抗胡椒瘟病能力略强的特点。

目前，香饮所以前期鉴定的高抗种质"黄花胡椒"和胡椒主栽品种"热引 1 号"为亲本，构建杂交 F_1 代，以热引 1 号胡椒为父本，通过持续回交累计构建 BC_1 群体 500 多株，为高抗优质新品种的选育提供材料（图 7）。

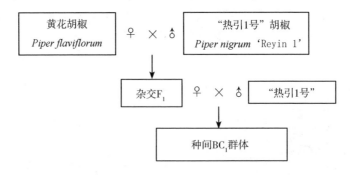

图 7　回交 1 代群体构建示意图

3. 国外胡椒品质资源收集与品种选育

胡椒的栽培品种主要分布于印度、印度尼西亚、马来西亚和柬埔寨等国，其中印度的胡椒育种研究历史最长，栽培品种最多，目前广泛种植的品种有 60 多个。

在资源收集评价方面。印度国家农作物研究中心（NRCS）收集保存了 184 份胡椒种质，并培育出"KS-14""KS-27"等多个高产品种。喀拉拉邦农业大学通过品种鉴定评价筛选出高产品种"Culture141"和"Culture331"两个新品种，Rajagopalan 等通过品种鉴定评价筛选出高产品系 Line 239 和 331，以及抗根腐病品系 54。Bhai 等采用针刺接种法对胡椒种质进行了抗瘟病评价研究，筛选出具有抗性的 2 个野生种质和 4 个 Kottanadan 品系。印度班尼约尔胡椒站收集保存了 63 个栽培品种、117 个野生种、7 000 个杂交组合亲本和后代（熊涓涓，1994）。截至 2010 年，马来西亚胡椒局共收集保存了 145 个栽培种质和 259 个野生种质。斯里兰卡农产品出口局（DEA）育种家共收集了 82 份胡椒栽培种资源，并评价了产量和品质性状。越南、南美洲也是胡椒主要生产地区，但是目前没有关于胡椒资源收集和育成品种方面的研究报道。

在品种选育方面。1989 年，印度胡椒研究站推出的 Panniyur 4 就是利用无性系育种方法从 Kuthiravally 品种中选出。1999 年，该站利用同样的方法筛选出 Panniyur 6。印度香料研究所分别从品种 Karimunda、Aimpiriyan 和 Ottaplackal 中选出了 Subhakara（1990）、Sreekara（1990）、Panchami（1991）和 Poumami（1991），产量都达到了 2 000 千克/公顷以上。大部分胡椒生产国均采用无性系选育技术，在原有品种的基础上，进一步筛选适合本国环境、性状优良的新品种。另外，胡椒具有高度杂合的基因组，存在一定比例的异株授粉而产生杂交后代，种子具有遗传杂合性和杂交结实性使基于自由授粉子代的无性系育种成为可能。马来西亚 Sim Soonliang 从印度品种 Balankotta 和 Cheriyakaniyakkadan 的种子后代中筛选出 5 个优异株系。1989 年，印度胡椒研究站采用自由授粉后代选择方法，从 Balankotta 的实生苗后代中选育出品种 Panniyur 2，其产量达 2 570 千克/公顷。其后续改良品种 Panniyur 5 和 Panniyur 7 也分别是从 Perumkodi 和 Kuthiravally 自由授粉后代中分别选育出来的。

另外，马来西亚胡椒局 Sim soon liang 院士以 Balancotta 和 Kuching 为亲本，从杂交和自交群体中筛选和培育了 Kuching、Semongok Emas、Semongok Aman、Semongok Perak、Uthirancotta 等 7 份优良品种，其中 Semongok Emas 品种具有金黄色的花穗，有花穗多、长、坐果率高、千粒重大、收获期短等特点，且对胡椒瘟病有一定的抗性，是马来西亚的主要品种，种植面积超过 65%。

4. 胡椒组培技术研究

胡椒组织培养研究是胡椒产业推广的重要环节。胡椒体细胞再生有利于离体保存种质和种质交换，也可以开展以组织培养为基础的诱变、体细胞杂交和基因工程等育种手段。Chen 等利用胡椒内种皮诱导愈伤组织成功获得胡椒栽培种组培植株。Mathews 和 Rao 利用 Panniyur-1 的无菌实生苗茎尖培养，诱导出丛生芽增殖。Philip 等利用 Panniyur-1、Karimunda 和 Arivalli 的茎尖为外植体培养得到丛生芽。Joseph 等通过 Panniyur-1 和 Karimunda 合子胚培养产生胚性愈伤组织，经体细胞胚胎发生得到再生植株。Yelnititis 和 Bermawie 以叶片为外植体，诱导出胚性愈伤组织，发育成胚状体，并由胚状体发育成不定芽。Sujatha 等利用萌发的种子直接诱导体细胞胚胎发生。尽管胡椒组培苗研究的成功报道较多，但组培苗在生产上的应用仍然面临童期长、性状不稳定等问题。

（二）栽培技术研究方面

1. 国内栽培技术研究进展

国内胡椒传统栽培技术属于精耕细作、劳动密集型技术，需工多、劳动强度大，对农户经验要求也要求较高。近年来，随着农村劳动力数量下降及劳动力成本上升，生产成本居高不下，同时传统栽培养分投入大，雨季养分损失多，而且还带来面源污染的问题，为此香饮所栽培团队围绕轻简化技术、绿色高效技术开展研究。重点开展小型施肥机和宽窄行机械施肥及其配套设备、水肥一体化技术和绿色新型肥料创制、热带经济林木复合栽培、连作障碍缓解技术及产品研发、调花促果调控技术等，并通过示范推广带动胡椒产业绿色高效发展，促进产业可持续发展。

2. 国外栽培技术研究进展

国外胡椒种植国主要以出口为主，一般需要满足出口国对胡椒产品的要求，特别是要求符合一些种植规范或标准，如 Global GAP、Fair Trade、Rain Forest Allicance、Organic 和 SSI。采用这些标准种植出来的胡椒可以直接出口到需求国。

按照这些标准进行种植时，尽量减少化学杀虫剂、化学农药的使用，避免环境污染、关注碳排放和温室气体排放，采用先进技术以提高产量，并且采用可追溯系统以确保食品安全。

（三）主要病虫害研究方面

1. 国内病虫害防控技术

目前我国胡椒品种主要是"印尼大叶种"和"班尼尔"两个种系，其中以印尼大叶种较为抗病、栽培较广。张开明等1994年编著出版的《华南五省区热带作物病虫害名录》记录了胡椒病害31种、害虫30种。桑利伟等人对海南省琼海、文昌、万宁、海口、定安、临高、儋州、澄迈、屯昌9个市（县）进行了调查，发现目前危害海南胡椒生产的主要病害有9种，包括胡椒瘟病、胡椒枯萎病、胡椒根腐病、胡椒炭疽病和胡椒煤烟病、胡椒细菌性叶斑病、胡椒花叶病、胡椒根结线虫病和胡椒藻斑病；其中分布广且为害严重的有胡椒瘟病、胡椒花叶病、胡椒根结线虫病和胡椒枯萎病（表2-4）。

表2-4　海南省不同地区胡椒主要病害发生调查

病害种类	发生程度								
	万宁	琼海	海口	文昌	澄迈	屯昌	定安	儋州	临高
瘟病	中度	中度或重度	中度或重度	中度	轻度	轻度	轻度	轻度	轻度
细菌性叶斑病	零星	未发现	未发现	未发现	未发现	未发现	未发现	未发现	未发现
花叶病	轻度或中度	轻度或中度	轻度或中度	轻度或中度	轻度	轻度	轻度	轻度或中度	轻度
根结线虫病	中度	中度	中度	中度	中度	中度	中度	中度	中度
炭疽病	中度或重度	中度或重度	中度或重度	中度或重度	轻度或中度	中度	中度	中度	轻度或中度
枯萎病	中度	中度	中度	中度	中度	中度	中度	中度	中度
根腐病	零星	轻度	轮度	轻度	零星	零星	零星	零星	零星

（续表）

病害种类	发生程度								
	万宁	琼海	海口	文昌	澄迈	屯昌	定安	儋州	临高
藻斑病	轻度	轻度	轻度	轻度	零星	零星	零星	零星	零星
煤烟病	零星	零星	未发现	零星	未发现	未发现	未发现	未发现	未发现

但近年来，"新"病虫害出现并为害逐年加重，相关知识及防控技术空白。如一种主要危害胡椒果实的病害导致海口、文昌部分胡椒园产量损失 70%左右，2020 年在琼海北部、万宁局部地区也有该病害发生为害。2017 年在首发地文昌蓬莱镇受害园发现短肩棘缘蝽，被认为是虫害并协同当地政府开展飞机统防统治工作。2018 年该症状发生面积扩大，2019 年在东昌农场南部区域大片发生，并未发现短肩棘缘蝽。2020 年 5 月在文昌南阳农场大面积发生，园内发现有黑水虻。同时在万宁地区发现零星症状，采样鉴定可分离出大量炭疽病菌，疑似炭疽病为害。目前其虫源或病原尚不明确，尚未形成防控技术。

2. 国外病虫害防控技术

在国外，胡椒上主要有胡椒瘟病、胡椒枯萎病、胡椒花叶病、胡椒炭疽病和胡椒根结线虫病等病虫害发生，也以胡椒瘟病为害最为严重。早在 1885 年，印度尼西亚已有胡椒发生突然凋萎死亡的报告，此后印度亦有类似的报道，但病原菌不确定。印度尼西亚对该病进行较为详细的研究，把病原菌定为 *Phytophthora palmivora* var. piperina Muller。马来西亚沙捞越对当地胡椒瘟病进行鉴定再次肯定了 Muller 的研究结果，以后在巴西、印度、泰国、柬埔寨、越南、斯里兰卡等国家相继发生，目前仍是困扰世界胡椒生产的主要病害之一。

（四）加工技术研究方面

1. 国内胡椒加工技术研究进展

（1）胡椒机械脱粒脱皮技术

胡椒脱皮是海南白胡椒制作最关键也是最主要的初加工技术。胡椒脱皮最基本的工艺为：胡椒采摘→浸泡→洗涤→干燥→除渣→选果→包装。早期时候，农户采用水沤法，把采摘的成熟新鲜胡椒放在大水缸、水池里浸泡 10～15 天，果皮全部变软后，除去果皮、果肉、果梗等残物，反复洗涤直至洗净为止，最后把洗净的白胡椒放在太阳下暴晒，晒 3～5 天至充分干燥，经过风选就可以装袋，成商品白胡椒。这些产品所用的技术简单，农户容易掌握，成本很低。但这种方式得到的白胡椒色泽较黑，有很明显的异味，很难除去，主要是品质难以提升，价格低迷，产品微生物超标、难以出口。为了提高品质，进一步增加收入，农户自发地进行了方法的改进，主要是勤换水或利用流水浸泡。但勤换水相对麻烦，而且污染村庄与河流环境，应用也相对较少。

针对长期困扰农户的胡椒脱皮的问题，海南省各科研单位都致力于解决这一难题。近几年，海南省农业科学院农产品加工设计研究所、海南大学、香饮所和胡椒加工企业纷纷攻关，机械脱皮法、微生物脱皮法、酶脱皮法、酶法搅拌脱皮技术也应运而生，为胡椒脱皮技术的提升提供了一些具体的新方法和新思路。目前在海南农垦东昌农场有限公司已有一条月加工量为100吨的胡椒机械脱皮加工生产线，另外在海南各县市也有几条小型生产线，已初步解决了传统胡椒脱皮加工的难题。

（2）胡椒综合利用技术

胡椒全身都是宝，除果实可以作调味品外，其果梗、果皮、胡椒叶、胡椒根均可以开发成有效利用的产品。白胡椒加工过程中，其果皮和果梗均成了废弃物和污染源，对其进行合理开发应用，一方面可以增加价值，另一方面减少排污的压力。据实际测定，胡椒果梗占胡椒整穗的80%，脱皮的胡椒粒中，具有饱满果实的胡椒果不高于80%，剩下的20%为空壳果和不成熟轻质果，胡椒实际上的利用率大约为64%，胡椒产业每年将产生约1万吨的胡椒废料，不仅给环境造成一定的污染，而且造成了资源浪费，人为增加了劳动强度。

杨继敏等人对胡椒梗中的胡椒碱进行了提取，发现胡椒梗中胡椒碱含量0.07~0.10克/百克、脂肪含量约0.9%、粗蛋白含量17%~19%、总酚含量2.5%~2.8%、维生素C含量2.8~5.6毫克/百克。胡椒梗中鉴定出的主要化学成分为：芳樟醇、δ-榄香烯、古巴烯、石竹烯、荜草烯、杜松烯，以石竹烯含量最高（≥52.55%），显示胡椒梗中挥发性成分与胡椒果中的挥发性成分无明显差异。王延辉等对胡椒梗中挥发性成分进行了提取并对其抑菌效果进行研究，发现胡椒梗共分离鉴定出 α-香芹烯27.23%、β-月桂烯8.48%、α-蒎烯8.32%、莰烯7.77%、α-柠檬醛7.68%、松油醇7.52%、α-石竹烯4.99%等85种化合物，胡椒梗与胡椒中的挥发性成分无明显差异；其提取物对金黄色葡萄球菌和大肠杆菌的抑制能力无明显差异。

香饮所以胡椒加工废料（如胡椒果皮、果梗、果茎等）为原料，对其含有的有效成分（胡椒碱、胡椒精油、胡椒多酚等）进行提取分离，并对其活性物质抗氧化功效进行测定，在实验室做了初步的研究工作，为胡椒废料的开发利用提供了理论依据，但对不同处理方式产生的果梗、果皮废弃物的研究尚未开展，如何在脱皮过程中，做到充分合理利用废弃物，真正把废弃物完全利用，开发以胡椒废料为原料的风味调味品及相关产品，提高其附加值，还需要结合市场需求，深入研究。

2. 国外胡椒加工技术研究进展

（1）胡椒质量安全与蒸汽杀菌技术

国外胡椒产品以黑胡椒为主，而且主要出口欧美市场，对胡椒品质要求较高，因此在胡椒加工过程中对质量安全要求高。

多数香辛料生产企业通常采用微波、紫外或臭氧等简单灭菌处理手段，灭菌效果很差，使得加工后的调味料带菌量仍然超标；而且，胡椒在传统加工过程中容易受到天气环境的影响而干燥不彻底，导致终产品水分含量高，贮藏运输过程中也容易受到微生物的污染，直接影响其品质和卫生安全性。Siliker 等研究发现黑胡椒、白胡椒等调味料的细菌含量较高，为 $10^4 \sim 10^7$ 个/克，霉菌含量为 $10^3 \sim 10^4$ 个/克。

流态化蒸气杀菌对黑胡椒粒中的大肠菌群及致病菌的杀灭效果明显，菌落总数随着蒸气流量的增加、蒸气温度的提高而逐渐减少；感官鉴定表明，杀菌前后物料的色泽变化不大，黑胡椒粒特有的香味保持良好。欧洲、日本等已有成熟的设备将高温短时蒸汽杀菌应用于香辛料的杀菌中，并已大规模投入实际生产，但国内尚未引进。

（2）胡椒鲜果品质与高值化利用技术

目前，国外已经开发出大量的高附加值胡椒产品，即青胡椒系列产品、黑胡椒与白胡椒系列产品、胡椒的副产品等。印度除了加工黑胡椒、白胡椒成胡椒粉外，还加工生产罐装或瓶装盐水青胡椒、脱水青胡椒、胡椒油、胡椒油树脂和青胡椒腌制品等。马来西亚也研究出了盐水青胡椒、醋浸青胡椒、脱水青胡椒、干燥冷冻青胡椒、速冻青胡椒、青胡椒酱和青胡椒面等，此外还研究制作了胡椒糖果、胡椒饼、胡椒豆腐、胡椒蛋黄酱、胡椒冰激凌等食品。

六、胡椒产业科研存在的主要问题及建议

（一）资源育种研究方面

（1）相对于国外胡椒产区，国内栽培品种缺乏，特别是缺乏高产区域适应性新品种、抗瘟病优良品种。

（2）缺乏高通量的工厂化育苗技术。

（3）缺乏优良基因的开发利用，开展胡椒核心种质资源优异性状的全基因组关联分析，鉴定优异性状关联基因。结合蛋白质组、代谢组学研究手段，解析胡椒高抗优质性状的分子机理，为胡椒转基因育种提供基因资源。

（二）栽培技术研究方面

1. 栽培模式及配套技术亟须创新

采用传统栽培模式，需要投入大量人力物力，近年来胡椒价格走低，农户大多不再愿意选择种植胡椒，因此只有创新栽培模式，减少人工投入，降低生产成本，才能保证胡椒产业的可持续发展。

2. 绿色高效栽培技术研发相对滞后

胡椒为多年生作物，栽培机理和技术的研究至少需要 3 年才可以成熟，技

术更新相对滞后于农户需求，因此需要提前布局，储备一批绿色高效栽培技术。

（三）主要病虫害研究方面

1. 病害防控观念落后，技术手段单一，成本高、效果差

胡椒瘟病、胡椒枯萎病等胡椒主要病害均有"易传播""强毁灭"的特点，病害一旦发生便无药可医，宜采用"重视预防、严控传播"的综合防控策略。但是农户对病虫害防控的观念依然局限于"治"，"小病不着急、大病乱喷药"，期待"药到病除"，容易错过病虫害防控最佳时期，严重依赖化学农药，缺乏绿色防控手段，防控成本高、效果低，存在农药残留和环境污染隐患。

2. "新"病虫害出现并为害逐年加重，相关知识及防控技术空白

近年来，一种新的为害胡椒果实的病虫害在胡椒上发生并蔓延传播，导致胡椒园减产70%左右。目前其虫源或病原尚不明确，防控技术空白。

3. 农残问题严重

对食品安全有较大影响。

（四）加工技术研究方面

部分胡椒加工技术研究方面仍存在停留在实验室水平，尚未与市场形成合力，后期需加大研究力度，并结合市场和客户需求实现有机结合。

（五）产品研发方面

在胡椒产品研发方面主要存在产品研发相对滞后，这与产品品质稳定性和保质期等有关，后期将加强产品研究技术，着力突破产品包装，提升产品稳定性。

（六）发展建议或措施

1. 积极参与产业发展规划，强化科学引导

加大对胡椒产业的宏观指导，通过政策、法律法规引导生产、加工、营销等经营实体科学合理发展；加大对标准化生产、加工和营销及其示范基地的支持力度，促进胡椒产业健康有序发展。

2. 与大型胡椒产业集团合作，强化可持续生产标准应用

与大型、以出口为主的胡椒种植、加工企业合作，采用符合可持续生产标准，如 Global GAP、Rain Forest Allicance、Organic 和 SSI 等，生产符合出口标准的胡椒制品，通过打开欧美高端市场，提高产业链价值，增强在国际胡椒市场中的话语权，为胡椒生产技术走出去奠定基础。

3. 加强科技支撑，强化队伍建设

加强产业科技领军人才和骨干人才培养，打造一支覆盖全产业链的科研创新团队。加强技术推广人员和新型职业农民培养，促进产业技术推广和科技成果转化。加强经营型人才、复合型人才的培养，不断提高胡椒产业化经营水平。

第三章　十四五海南胡椒产业发展的对策

我国目前胡椒种植面积80%以上在海南，因此海南是我国胡椒的主产区，随着海南自由贸易港建设步伐的不断加快，海南农业面临着国际自由化带来的种种机遇和挑战，作为海南主要高效热带农业经济作物之一的胡椒产业，也必将面临许多机遇及挑战，为更好地发展海南胡椒产业，我们经过分析，给出以下建议，供相关部门决策参考。

第一节　胡椒产业存在的问题

一、主栽品种单一，良苗繁育基地建设滞后

我国虽有60多年的胡椒种植历史，但主栽品种仅有热引1号，占全国种植面积的99%以上。该品种虽然高产，但易感胡椒瘟病，且潜伏期长，致死率高，特别是在雨季，极易传播流行，造成胡椒大面积毁灭性死亡。此外，由于缺乏优良种苗繁育基地，生产用苗以农户自繁自用为主，种苗质量差，造成植株长势参差不齐、抗逆能力弱、产量下滑、经济寿命缩短。

二、长期连续种植，连作障碍逐步显现

占全国胡椒种植面积80%以上的我国胡椒主栽区——海南省，受土地资源有限及小农户分散式经营传统习惯影响，长期以来，胡椒多在同一地块单一模式连续种植，连续种植20年胡椒园逐渐出现土壤养分失衡、微生物比例失调等连作障碍问题，植株长势衰弱、病害频发重发，经济效益不能得到充分发挥，影响产业可持续发展。据统计，目前海南连续种植20年以上的胡椒园超过50%，40年以上的超过10%，连作障碍逐步显现。

三、种植成本不断攀升，盈利空间受到挤压

胡椒传统种植需工多、劳动强度大。每年需结合深翻扩穴开展多次人工施肥；胡椒为多年生藤本植物，每年绑蔓、剪蔓、去顶芽等树体管理工序多；果实熟期不一致，每年果实采收劳动强度大且持续时间较长，已成为种植过程中用工量最多环节。种植过程多依靠人工，随着农村劳动力数量下降及成本上升，效益和增收空间受到挤压，谁来种、谁来采收等问题日益突出。

四、水浸泡加工白胡椒，环境污染和资源浪费重

我国胡椒产地加工产品 80% 以上以生产白胡椒为主，特别是海南胡椒产地加工产品仍以生产白胡椒为主，且白胡椒加工仍采用小作坊水浸泡、污染重、资源浪费、加工成本高、产品异味重，已被列入《海南省产业准入禁止限制目录》，初加工产业链短、效益低，在海南自贸岛建设过程中必将受到国外低成本胡椒原料冲击，产业发展将面临严峻挑战。

五、精深加工水平不高，效益潜力未能充分挖掘

目前我国胡椒仍以白、黑胡椒粒/粉等初加工产品为主，青胡椒、胡椒调味酱及复合调味品等市场份额小，"高值化"属性挖掘不足，高附加值的精深加工技术及产品缺乏，不能满足国际旅游岛建设对特色农产品多元化、高值化的要求，产业链未得到有效延伸，综合效益未得到充分发挥。

六、科技投入少，创新能力不强

虽然历经多年发展，我国胡椒已建立标准化生产技术体系，但随着现代农业的快速发展，以及城镇化进程的推进，劳动力成本尤其是施肥、采收等人工成本大幅攀升，比较效益明显下降，胡椒生产面临新的挑战，特别是我国胡椒主产区的海南，在自贸岛不断深入推进过程中，海南专业从事胡椒产业技术研究单位少、地方科技投入严重不足、高层次人才缺乏等问题凸显，工厂化育苗、机械化生产、水肥智能管理等节本高效技术应用程度低，科研成果与产业化衔接有待加强。

七、组织化程度不高，抵御市场风险能力弱

目前我国胡椒产业特别是主产区的海南，胡椒以小农户分散种植、加工为主，经营规模小，组织化程度低，缺乏龙头企业带动，企业与农户尚未形成"风险共担、利益共享"的机制。近 10 年来，胡椒价格在 20~90 元/千克波动，价格变化幅度大、频率快，市场风险高，前端效益得不到有效保障，产业一体化发展机制尚未形成。

八、龙头企业缺乏，品牌影响力小

全省胡椒企业几十家，但散、小、弱等问题突出，规模小，销售额低。虽然培育了"昌农""春光""南国""兴科"等品牌，但多数企业并不以胡椒为主营业务，缺乏竞争力强的产品，市场占有率偏低，竞争力不强。

第二节　市场前景与竞争力分析

一、市场前景分析

（一）产量潜力

受土地资源、比较效益、市场需求等因素限制，海南胡椒种植面积在未来较长一段时间内仍将稳定在40万亩左右，变动幅度不大。尽管种植面积难以扩大，但随着优质种苗繁育、高效栽培等先进技术的推广应用，单产水平及总产量仍有一定提升空间，预计到2025年，平均单产可提高10%～15%，总产量可达5万吨，因此胡椒仍具有一定的增产潜力。

（二）消费潜力

胡椒除用作日常调味品外，还可广泛应用于食品、医药及日化领域，应用范围广，需求量不断上升，而我国胡椒主要靠海南供应，生产量已难以满足国内市场需求，2010年以前我国还是胡椒制品净出口国，此后进口量超过出口量，且净进口量差逐年上升，目前净进口量已超过1万吨，这一数据表明，我国已逐步成为世界胡椒进口大国与消费大国。尽管如此，我国年均胡椒消费量仍不足23克/人，远低于欧美等发达国家年均150克/人的消费量。随着我国人民生活水平的不断提高和饮食结构的变化，尤其是海南自由贸易港建设深入推进后中外游客涌入对多元化特色产品的需求，我国胡椒消费量仍将不断增加，国内消费潜力巨大。

（三）效益潜力

随着技术进步，种植、加工及市场效益潜力逐渐释放，潜力巨大。种植端，以近10年平均单产130千克/亩、平均销售价格约60元/千克计，每亩每年收益7 800元，到2025年，新技术推广应用程度不断提高，预计生产成本降低20%，平均单产可提高约15%，每亩每年将增收2 500元以上。随着胡椒功能性成分深入挖掘，应用领域不断拓展，高附加值产品市场份额逐渐增加，加之胡椒文化与海南国际旅游消费有机结合，后端加工及市场效益预计有50%以上的潜力可供发掘。

（四）品牌潜力

目前我国胡椒主产区的海南，胡椒产品仍以统货批发销售方式为主，零售市场仅见"春光""南国"等少数品牌，且均非以胡椒为主营对象，品牌影响力小。对世界胡椒优质区域性品牌分析发现，建立优质区域性品牌可使得产品获得5倍以上的高溢价，而且产品供不应求。目前已发布"海南胡椒"公用品牌，在自由贸易港建设的大背景下，随着品牌建设不断完善，海南胡椒优质品牌有巨大发展潜力。

二、市场供给与需求分析

世界胡椒消费品主要为黑胡椒，占胡椒制品总量的 80% ~ 85%，而白胡椒仅为 15% ~ 20%，另外还有少部分青胡椒。而国内由于传统饮食习惯及其他历史原因，产品以白胡椒为主。近 10 年来，世界胡椒年均产量约 45 万吨，年均进口量稳定在 42 万吨，供需基本平衡；而国内近年来市场走势表明，消费增幅已逐步高于产量增幅，供求矛盾日趋明显。据统计，2014 年国内消费量为 4.5 万吨，进口量为 0.5 万吨，而目前胡椒进口量增长至 1 万吨以上，进口量增长近一倍，市场需求旺盛。

三、竞争力分析

（一）优势分析

目前我国胡椒主产区海南，已建立胡椒标准化生产体系，拥有专业胡椒研究团队，具有持续科研力量支持，加之政府对新型经营主体培育力度不断加大，胡椒生产技术将得到快速推广应用。当前海南已发布"海南胡椒"公用品牌，随着海南自由贸易港建设的不断推进，各种投资主体对农业领域投资力度的加大，为胡椒产业化、组织化、品牌化建设创造了条件。

（二）劣势分析

我国胡椒主产区海南，地处热带北缘，自然资源禀赋与世界主产国差距较大，胡椒易受台风、寒害、高温干旱等自然灾害威胁。胡椒施肥、采收等以人力为主，随着农村劳动力数量下降及劳动力成本上升，生产成本不断攀升。而越南、柬埔寨等东南亚主产国地处典型热带地区，气候、土壤等自然条件远优于我国，再加上人工成本相对较低，其生产成本远低于海南，中国—东盟自由贸易区实施零关税政策，将对国内市场造成较大冲击。

（三）机会分析

在我国胡椒主产区的海南，胡椒作为海南高效经济作物，将成为打造热带高效农业"王牌"的重要抓手。海南大力发展"三棵树"及"林下经济"，将缓解胡椒产业发展与土地限制的矛盾，有望打破种植面积多年停滞不前的局面。此外，海南国际旅游岛及自贸港建设必将吸引大量中外游客，海南特色农产品消费市场将迎来发展春天，胡椒无论作为日常调味品还是特色农产品都将迎来发展良机。

第三节 发展思路与目标

一、发展思路

立足自然资源禀赋，以市场为导向，以科技创新为驱动，稳定面积，提高单产，降低成本，增加效益。大力推广节本高效生产技术，降低生产成本；拓展产品应用领域，以高附加值深加工产品拉长产业链，拉高产业集聚度；改造提升加工业，全力打造精品名牌，提高国际市场竞争力，逐步形成以高附加值产品和品牌贸易为主的产业发展格局，把主产区海南建设成为世界优质胡椒原料生产基地、高附加产品加工基地和期货交易中心。

二、基本原则

（一）坚持规模适度

以《国家生态文明试验区（海南）实施方案》为指导，坚持经济、社会、环境协调发展，坚持经济发展与生态建设并重，实现速度与结构、数量和质量相统一，优化形成适度的区域性、规模化生产基地，推进我国胡椒主产区海南胡椒产业的持续发展。

（二）坚持政府引导和市场主导

以市场消费需求确定胡椒产业发展方向，推进产业结构调整和生产要素整合，发挥农民在种植、企业在加工和流通环节的自主经营作用，政府加强在统筹规划布局、产业政策制定、公平竞争市场秩序维护等方面的宏观指导。

（三）坚持依靠科技和人才

加强科技进步与创新对产业核心竞争力提升的支撑作用，强化良种、良法、加工、新产品的研发、创新和推广应用，建设高水平公共服务平台、专业化技术研发平台，整合利用国内外胡椒产业科技与人才优势力量，构建科技创新与推广服务体系，加强"产学研用"紧密合作和各类人才培养，构建胡椒产业科学发展的科技创新与推广服务体系。

（四）坚持科学统筹和融合发展

立足长远，统筹规划胡椒产业与其他产业的协调和配套发展，统筹规划胡椒种苗、种植基地和加工生产布局配置，种植业稳中求进，产品加工业重点发展，促进一二三产业融合，打造以农业为基础、工业为龙头、服务业为辅助的胡椒全产业链，推动产业可持续发展。

三、发展目标

（一）总体目标

依据优势区域布局，加速产业向优势区域聚集。重点从优良种苗繁育、绿色高效种植、产地初加工及精深加工、品牌塑造与营销、高效物流体系等全产业链打造特色鲜明、优势明显、品牌突出的胡椒产业。

（二）2025年目标

到2025年海南胡椒种植面积稳定在35万~40万亩，投产面积35万亩以上，平均单产达145千克/亩以上，年产量达4.6万吨。在2020年基础上，新建胡椒优良种苗繁育基地1~2个、绿色高效生产示范基地8~10个、产地高标准加工厂2~3个，打造形成国内具有较强影响力的知名品牌2~3个，建立国内胡椒大宗商品交易市场，建立完善的物流体系。

第四节　产业发展布局

一、确定优势区域的主要依据

（一）生态环境

优势区域所在县（市）年平均气温≥20℃，日最低温≤2℃出现的频率≤5%，无霜，年降水量≥1 200毫米。土层深厚，排水良好，土质为轻黏壤、壤质和沙壤土，pH值5.5~7.0。

（二）产业基础

产业基础较好，有一定的生产历史，初步具备规模化种植基础和一定的生产技术水平，加工和运销体系较健全，拥有较稳定的市场，是当地农民重要收入渠道之一。

（三）发展潜力

种植面积保持稳定并有一定的拓展空间，单产有一定提升空间，农民种植积极性高，有较好的发展潜力。

（四）比较优势

生态气候和土壤等方面具有明显资源禀赋优势，产期稳定，生产管理技术相对成熟，产量、品质、管理等方面优势明显，产品品牌化、市场组织与营销、物流系统等产业链发育比较成熟，产品多样化加工具有独特的产业基础。

二、产业布局

（一）种植区域布局

以琼海、文昌、海口、万宁等海南东部传统种植区为优势种植区域，建立优良种苗繁育及绿色高效生产基地，开展优良抗病种苗、水肥一体化、专用配方肥、瘟病绿色防控等绿色高效生产技术示范推广，打造高品质原料供应基地。

（二）加工区域布局

以产业基础好、流通便利的海口、文昌、琼海及万宁等市县为优势加工区域，重点培养省内已初具规模的大型胡椒产业公司，如海南春光食品有限公司、海垦胡椒产业集团有限公司、海垦东昌农场等，通过加强政策引导和资源重组，以市场竞争为主要手段培育龙头企业，拓展胡椒新用途，利用现代生物技术研发具有高科技含量和高附加值的新产品，延长产业链，提高综合效益，促进我国胡椒产业从初级产品供应者向高新技术含量高附加值产品生产者跨越。

（三）商贸流通布局

根据靠近产地、信息交流便利、交通发达、物流体系完善等原则，以海口为中心建立国内胡椒大宗商品交易市场，在文昌、琼海、万宁等主产地建立分中心，便于信息采集、分析及共享，打造胡椒贸易中心，形成产供销一体化产业链。

第五节　重点任务

一、优化生产区域规划布局

按照因地制宜、突出重点、统一规划、集中连片的原则，结合自然资源条件、种植规模、产业化基础、产业比较优势等基本条件，综合考虑与槟榔、椰子及橡胶等作物规划的有机结合，调整优化胡椒种植和加工区域布局，促进我国胡椒产业从初级产品供应者向高新技术含量高附加值产品生产者跨越。

二、推进科技创新与成果转化

（一）强化自主创新

在海南组建省级胡椒创新团队，实行首席专家制，整合国内外科技资源，建立产业技术创新体系，系统开展产业前瞻性、基础性、共性和关键技术研究，围绕产业链构建从原料到餐桌的胡椒产业技术支撑体系，为产业发展提供科技支撑。

（二）强化技术服务

完善科技推广和培训的基础条件，建立健全科技培训资源与传播中心，增强媒体资源制作、数字化储存、服务管理、资源传播和远程培训的能力，推进科技推广与培训的体制创新，提高推广与培训水平，全面提高从业者素质，促进科技成果转化。

三、推进生产组织创新

（一）培育龙头企业

对海南省现有胡椒生产企业进行分类扶持，培育骨干龙头企业，到 2025 年年末，根据精深加工产品发展情况，重点扶持发展销售收入超过 3 亿元的新产品领军企业，扶持发展一批年销售收入超过 1 亿元的新产品生产骨干企业。

（二）完善行业协会职能

优化海南省胡椒协会及地方协会力量配置，完善职能，发挥协会的桥梁纽带作用，提高行业自治能力，使之成为自我发展、自我管理、服务于生产的群团组织。

四、推进质量保障

一是构建海南省胡椒产业标准体系，以保障高品质产品为目标，重点开展产地环境、种植、加工、外源性有害残留物限量检测、高端产品等方面的标准研制，健全以品质为核心的质量整体控制模式。二是建立生产全过程可追溯体系，实现来源可查、去向可追、责任可究。三是完善现有平台质量认证资格，加大科技投入和管理监督，加强检测人员的培训，强化对胡椒制品质量等的检测力度，实现对胡椒质量和生产资料的全面监控，确保产品及其制品的质量安全。

五、推进交易服务建设

一是建立信息服务平台，强化信息服务，拓宽信息渠道，掌握世界胡椒"产、供、储、销"的实际情况，了解种植状况、研究动态和市场形势，建立集仓储、加工、交易、配送于一体的现代物流中心和现代化的销售网络信息平台，指导生产经营，开拓销售市场，为产业可持续发展提供信息支持。二是建设现代化、标准化、信息化、大通量、高效率、低成本的营销网络服务体系，强化产品市场营销，增强市场竞争力。三是建立中国（海南）国际胡椒交易服务平台，发布权威的统一的产品标准、地理标识、透明的信息源，不断激发市场活力，提升海南胡椒公信力，保障市场秩序，维护消费者权益。

六、推进品牌建设

围绕"海南胡椒"公共品牌，着力推进原产地保护和品牌建设，合力打造以公共品牌为基础、企业自主品牌为有效补充的产业品牌综合体系。一是加强现有品牌的原产地和商标的保护力度，支持申报国家地理标志产品和地理标志证明商标。二是营造品牌建设环境，引导和扶持生产企业、合作社、共享农庄等申报自主品牌，支持申报区域公共品牌以及海南名牌农产品和名牌商标认定，同时加强品牌维护与保护，构建行业、企业和司法相结合的品牌维护与保护机制。三是实施"走出去"战略，支持和引导企业主动服务和融入"一带一路"倡议，拓展国内外市场，不断增强海南省胡椒品牌的国际竞争力和影响力。

七、推进一二三产业融合发展

一是加强品牌市场营销，利用各种展销和推介平台，以及到境外参加相关会展促销活动，进一步提升海南省胡椒企业及产品在国内外市场认知度；同时，利用电商农产品网络销售平台拓展网络零售业务，开展网上直销促销活动，实现线上线下并驾齐驱。二是打造胡椒文化精品旅游线路，引导和扶持在基础条件较好的海口、文昌、琼海等市县建设高标准胡椒特色小镇或文化园区，将胡椒文化、科技、养生、产品与旅游有机融合，带动海南胡椒一二三产业融合发展。

第六节　重点工程

一、生产工程

1. 良种良苗繁育基地建设

优先在琼海、文昌、海口等市县建设标准化、专业化、规模化的优良种苗繁育基地，完善基础设施，配备苗木分级、包装、储运等先进的其他设施，将其完全覆盖主产区。

2. 节本增效种植示范基地建设

在文昌、琼海、海口、万宁、定安及屯昌等主产区建立标准化、机械化、复合种植、水肥药一体化等节本增效种植示范基地，降低生产成本，提高土地利用率。

3. 产地初加工基地建设

在优势产地扶持企业建立产地加工基地，新建或改造机械化加工、原料梯次加工等生产线，解决"泡水作坊"加工白胡椒造成污染重、原料浪费、产品质量低等问题，实现高效率、高品质加工。

4. 精深加工基地建设

在海口、琼海等交通便利地区和原料供应核心区建立精深加工基地，新建或改造日化用品以及保健养生服务用品生产线，延长产业链，提高加工附加值。

二、技术创新工程

1. 强化种质资源保存和品种选育

依托全球动植物种质资源引进中转基地，完善农业农村部"万宁胡椒种质资源圃"，建设成保存能力达1 000份、具备资源鉴定、品种创新、组织快繁能力的世界级胡椒种质资源圃，培育高产、抗逆优良品种。

2. 建立种苗高效繁育技术体系

加快组培快繁、抗病嫁接等技术研究，突破工厂化生产技术瓶颈，建立高效的种苗生产技术标准和品种 DUS 指纹遗传鉴别制度，完善良种良苗质量管理体系。

3. 建立轻简化种植技术体系

围绕节本增效，加快机械化、复合种植、水肥药一体化、病害绿色防控等技术研发，降低生产成本、提高土地效益，实现轻简化种植。

4. 深入开展精深加工研究

以古籍记载为基础，利用现代分析手段，阐明胡椒香用、药用等物质基础以及传统功效现代机制，深度开展功能性保健品、高级香料、天然日化品以及保健养生服务产品研发，开发高端大健康产品。

5. 构建国际联合研究平台

围绕国家"一带一路"建设，推动胡椒产业国际交流合作，充分发挥海南省华侨的纽带作用，与东南亚国家合作共建胡椒联合研究中心或联合实验室。

三、品牌培育工程

1. 加大经营主体扶持

重点扶持企业、农民专业合作社、行业协会和共享农庄等经营主体，加强基础设施建设，不断改进加工装备和加工工艺，重点培育高新技术企业、年销售额超亿元的龙头企业。

2. 实施海南胡椒品牌战略

以"中国白胡椒"共用品牌为核心，打造地理标志产品标识和地理标志证明商标，积极构建"公共品牌+区域品牌+企业品牌"品牌体系，不断提升品牌价值和国际认可度。加大对重点区域品牌、重点龙头企业等宣传推介力度，提升海南胡椒品牌知名度和影响力。

四、质量保障工程

1. 完善标准化技术体系

加强省级标准（规程）的制定工作，鼓励制定团体标准和企业标准，建立一套从种质评价、种子种苗质量、种植规范到产品检测、质量检测等全产业链的胡椒地方标准体系，保障优质产品生产，确保胡椒产品及其制品的质量安全，充分发挥标准的技术支撑和引领作用。

2. 构建全过程可追溯系统

采用现代信息技术，探索"互联网+"模式，建设产业物联网平台，构建从种植、加工、收购、储存、运输、销售到使用的全省胡椒全过程可追溯体系，提高胡椒质量安全"公信力"，确保胡椒原料质量可靠。

五、文化创新工程

1. 创新文化活动

创新办会展机制，丰富办展内容，提升展览质量，借助国际胡椒共同体（IPC）年会、中国优质农产品开发服务协会香料产业分会等众多平台，组织文化宣传活动，宣传海南胡椒品牌和优势。

2. 推动胡椒产业与旅游业的深度融合

深度挖掘胡椒起源、传播、功能开发等文化内涵，推动胡椒产业与特色旅游、民族风情、华侨情结、大健康等产业新业态融合发展，引导胡椒旅游消费产品设计、生产与营销，推进建设集资源保护、科普示范、休闲养生、旅游观光为一体的国际胡椒博览园、特色小镇、共享农庄或田园综合体，打造一批胡椒文化的特色精品旅游线路。

第七节　保障措施

一、健全组织保障体系

由海南省农业农村厅统筹全省胡椒产业，琼海、文昌、海口、万宁、定安、屯昌等主要市县农业部门负责具体工作，实行统一管理、统筹发展的组织保障体系，联合科研、协会、大型国有企业等构建海南胡椒产业集群，围绕海南胡椒产业发展目标，研究产业发展过程中出现的共性关键技术问题，提出解决方案和措施，明确责任主体，建立考核评价奖惩制度，确保各项工作扎实推进，促进海南胡椒产业持续健康发展。

二、强化资金保障体系

（一）加强各级财政资金支持力度

将胡椒生产发展纳入海南省经济社会发展规划，将胡椒种质资源保护、良种良苗繁育、生产技术研发及技术推广、病害防治、质量标准、市场促销和检验检疫等基础性、公益性项目纳入重点支持计划；对采后商品化加工、运输和批发市场等方面的经营性项目给予贷款贴息；扶持科研院所、高等院校、企业等开展技术创新、标准制定、示范推广等工作。

（二）建立多渠道投入机制

鼓励和引导社会资本参与胡椒产业发展，建立健全政府引导、金融贷款支持、社会资金进入、外资合作、农民积极参与的多渠道投入新机制，充分引入市场竞争机制，有效提高胡椒产业的管理效率和生产经营效益，推动胡椒产业快速健康发展。

三、强化科技支撑保障体系

（一）加强科技创新，夯实产业发展基础

依托中国热带农业科学院、海南大学、海南省农业科学院等科研机构，整合人力、财力、物力等资源，增加在种质资源创新利用、良种良苗繁育、高效栽培、病害防治、采后加工等绿色生产技术研究和集成方面的投入。组织科技攻关，提升胡椒产业的创新能力和技术水平。引导企业成为新技术研发和创新的实施主体，使科研与生产紧密结合起来。

（二）积极推进科技入户，推进科技成果转化

依托科研院所、高等院校、龙头企业等机构的科研力量及成果，通过胡椒行业协会、农民专业合作组织、相关企业等组织，加大科技推广力度，增强农民科技意识，重视科学生产。采取多种形式开展技术推广和科技文化培训，进一步提高培训的针对性和实效性，重点培训种植能手、科技致富带头人和专业合作社领办人，培养"学习型、管理型、创新型"的新型农民。

（三）加强人才培养，打造专业科研创新团队

加强产业科技领军人才和骨干人才培养，重点加强科研院所、高等院校、龙头企业等机构的专业人才培养力度，加大对优良品种选育、种苗繁育、高效栽培等基础性研究工作的投入，夯实产业发展基础，打造一支覆盖全产业链的科研创新团队，提高整体的科技水平；加强技术推广人员和新型职业农民培养，促进产业技术推广和科技成果转化；加强经营型、复合型人才的培养，不断提高胡椒产业化经营水平。

四、构建社会化服务体系

加大社会化服务组织的培育力度，逐步从量的扩张向质的提升转变。一是要构筑多层次的专业化技术服务平台，围绕产业发展目标和实际需求开展相应的服务，增强服务组织的生命力；二是要重点针对农户难以办到又迫切需要帮助的内容开展服务，提高服务有效性；三是要从制约当前生产的薄弱环节着手，加快发展品种选育、种苗繁育、田间管理、采后加工等；四是坚持一体化服务方向，构建产前、产中、产后全产业链服务体系，为农民提供系列化服务，提高胡椒产业综合生产能力和市场竞争能力。

五、加强市场营销

(一) 扩大宣传, 提高知名度

围绕海南胡椒品牌制订宣传计划, 加大网络、电视、报纸、公共场所等对胡椒文化的宣传力度。提高大众对"药岛""香岛"的认知度, 营造胡椒产业发展良好氛围。实施名企、名品推进工程, 评选、宣传优秀企业, 打造知名品牌。

(二) 加大营销, 提高市场竞争力

一要巩固和拓展国内市场, 提高产品质量, 增加产品类型, 拓展国内消费市场, 赢得更多市场份额; 二要开拓国际市场, 扩大欧美、日本、韩国等国际市场份额; 三要转换经营机制, 采用多样化经营模式, 调动各种积极因素, 把土地、资金、劳动力、技术、管理等要素有机结合, 扩大生产和经营规模, 提高企业经济效益; 四要充分发挥行业协会等中介组织的纽带作用, 积极搞活产品流通, 并通过龙头企业、运销大户的带动, 拓展营销途径。

第四章　打造我国优质黑胡椒生产基地　丰富云南热区边疆固边特色产业

胡椒是重要而又极具特色的热带经济作物，当前只有海南和云南南部热区规模化发展，面对国内广大消费市场及海南和云南由"旅游大省"向"旅游强省"发展的多样化市场需求，用途广泛的"香料之王"——胡椒具有十分广阔的市场前景。

云南虽非我国胡椒主产区，但胡椒产业在云南热区发挥十分独特的作用，利用云南南部丰富的热带资源和胡椒耐储运特点，打造我国优质黑胡椒生产基地，填补我国黑胡椒市场缺口，与海南白胡椒形成优势互补，可促进边疆地区农民持续稳定增收和乡村振兴发展，也可增加边区林地效益、保护生态环境，是落实习近平总书记2021年8月19日给云南省沧源佤族自治县边境村老支书们回信"建设边境美丽家园、维护民族团结、守护好神圣国土"精神的重要举措。

在后起之秀的云南省红河哈尼族彝族自治州的绿春县，胡椒产业在当地少数民族及边境地区百姓的脱贫攻坚、巩固脱贫攻坚成果、实施乡村振兴中发挥着十分重要的作用，但由于该地区地处偏僻、胡椒主推技术普及率不高等原因，目前该地区胡椒产业存在着许多与其他农业产业面临的相似问题，我们经过多年的调研跟踪，提出以下建议。

第一节　基本情况

胡椒是世界重要的香辛料作物，也是应用最广泛的香料，被誉为"香料之王"。除用作调味品外，还大量应用在食品、医药和军事领域，用途广、经济价值高、发展前景好。我国是世界第五大胡椒主产国，海南和云南是我国胡椒主产区，种植面积40多万亩，年总产量4万多吨，其中80%在海南主要加工成白胡椒，约20%在云南主要加工成黑胡椒，形成了海南白胡椒、云南黑胡椒的互补生产格局。

2013—2016年中国胡椒消费量分别为4.4万吨、4.6万吨、4.8万吨和4.9万吨，而同期国内胡椒产量仅为3.9万吨、4.3万吨、4.1万吨和4.3万吨，市场消费增量已远大于同期国内产量；2020年我国胡椒消费量达7.0万~8.0万吨，而国内胡椒产量仅为4.5万吨，国内胡椒消费市场空间巨大。随着我国人民生活水平的不断提高和饮食结构的变化，以及胡椒用途扩大和新产品不断涌现，今后我国胡椒消费量仍将不断增加。

胡椒作为典型热带作物，在云南种植区域主要分布在保山、德宏、普洱、红河等州市的热带亚热带地区，这些地区气候优势明显，发展胡椒产业特色突出；胡椒种植经济效益远高于边境地区传统农作物，平均亩产可达 4 000 元以上，市场价格高时可超过 1 万元；胡椒初级农产品具有耐存储特性，云南当地生产的黑胡椒可存储 3 年以上，在遇有交通受阻、市场价格低迷情况下，可通过家庭储藏的方式降低市场风险；黑胡椒加工过程复杂程度不高，技术易掌握。以上特点与云南热区边境地区交通不便利、远离交易场所、传统农作物产值低等劣势形成天然互补，是边区百姓特别是少数民族百姓脱贫攻坚、巩固脱贫攻坚成果、接续乡村振兴的重要产业，也是稳边、固边、兴边、富边的特色产业。

云南热区边境地区一直把胡椒作为重要富民产业，其中作为后起之秀的红河州绿春县，于 2000 年把胡椒列为"兴边富民行动工程"，举全县之力推进胡椒产业发展，高峰期全县 3 镇 4 乡种植胡椒，种植面积从数千亩发展到 6 万多亩，实现了从零星种植到产业化、规模化的跨越式发展，成为我国黑胡椒的重要生产基地。脱贫攻坚期间，全县胡椒种植农户 1.7 万户 7.3 万多人，其中建档立卡户 4 800 多户 1.6 万多人，依靠胡椒致富而盖起的"胡椒楼"、购买的"胡椒车"随处可见。胡椒产业成为当地少数民族群众经济收入和增收致富的重要产业，对国家在边疆地区建立"村村是哨所、户户是堡垒、人人是哨兵"的安全保障体系具有重要意义，为云南热区"富民兴边"、促进乡村振兴起到重要支撑作用。

经过近 10 年发展，目前绿春县胡椒产业已具备良好发展基础，2021 年全县胡椒总面积约达 4.1 万亩，其中骑马坝 2.6 万亩、三猛 0.52 万亩、大黑山 0.35 万亩、平河 0.25 万亩、半坡 0.32 万亩、大水沟 0.045 万亩；全县收获面积 1.6 万亩，亩平均单产 300 千克，总产量 0.48 万吨，产值 9 600 万元，涉及农户 9 743 户 43 843 人，其中贫困户 1 871 户 7 919 人（彩图 52 至彩图 56）。

第二节　经济效益分析

一、种植投入成本

胡椒为多年生作物，经济寿命可达 25 年以上，种植前 3 年不投产，为非生产期，此期间的投入计为种植成本。云南胡椒一般 1 亩种植 180 株，每株双苗定植，投入成本测算如下（表 4-1）。

表4-1　胡椒非生产期种植投入成本测算表（1亩/3年）

项目	投入情况	小计（元）
种苗	360 株×4 元	1 440
整地种植	200 元/亩	200
支柱	180 株×20 元	3 600
基肥	有机肥 1.8 吨×800 元/吨	1 440
肥料	有机肥 2 160 元+化肥 800 元	2 960
农具	100 元/亩	100
合计	—	9 740

二、投产期投入成本

胡椒种植 3 年后投产，为投产期，每年投入计为生产管理成本，测算如下（表4-2）。

表4-2　胡椒投产期生产管理投入成本测算表（1亩/年）

项目	投入情况	小计（元）
肥料	有机肥 720 元+化肥 260 元	980
农具	100 元/亩	100
采果人工费	200 元/亩	200
农药	100 元/亩	100
合计	—	1 380

三、投产期效益分析

云南生产黑胡椒，投产后每亩每年生产黑胡椒约 300 千克，按近年（2015—2021 年）平均价 30 元/千克计算，每亩每年收入约 9 000 元。按收获 20 年计，每亩共可收入 18 万元；去除未投产期投入成本和投产后每年投入成本，种植 1 亩胡椒每年毛利 7 340 元，20 年毛利共计 14.68 万元/亩。

第三节　云南胡椒产业发展优劣势分析

一、优势分析

1. 产值高于当地传统农作物

当地传统以水稻、玉米、茶叶等农作物为主。水稻、玉米等粮食作物主要满足口粮需要，亩效益不足千元；茶叶效益 1 000～1 300 元，但采收成本高。而云南胡椒亩效益至少可达 4 000 元，市场价格高时可达 1 万元以上，效益远高于当地传统农作物。

2. 产品耐存贮可弥补交通不便缺陷

云南边境地区普遍交通不便，虽通过国家"村村通工程"实现了边境地区村村通道路的目标，但因暴雨多发频发且山路陡峭，乡村道路因水毁、泥石流或山体滑坡等不通畅现象普遍存在，农产品运输时间长、成本高，水果、蔬菜等虽然效益好，但作为不耐存储的快消品不适宜大规模发展，而胡椒耐存储，被称为"现金作物"，黑胡椒可存放 3 年以上，且存储成本低、设施设备要求不高，一般农户容易实现，可视市场行情而销售，弥补了交通不便、远离交易中心的区位缺陷。

3. 气候条件适宜胡椒产业发展

云南西双版纳、红河、德宏、普洱、保山等州市的热带亚热带地区气候适宜胡椒生长，尤其是红河州绿春县，气候与海南相似，年总降水量 2 130 毫米，海拔 1 000 米以下的热区有 100 多万亩，且无台风危害，可采用高柱密植的高产种植方式，山地有利于排水可防止水害和瘟病，是理想的胡椒生产基地，有利于规模化发展。

4. 高品质黑胡椒生产的理想之地

云南边境地区昼夜温差大，有利于果实干物质积累和品质形成，果实中胡椒油和胡椒碱含量普遍高于海南；农户多采用房顶日光遮雨棚晾晒胡椒，与海南甚至东南亚胡椒初级农产品随意晾晒相比，污染途径少、卫生条件好、产品品质优；与海南白胡椒形成产品结构互补，相互竞争小，适宜作为我国唯一高品质黑胡椒生产基地，以填补国内黑胡椒市场缺口。

二、劣势分析

1. 技术基础弱不足以支撑产业快速发展

与海南相比，云南胡椒产业起步晚，缺乏专业研发机构，技术基础弱，由于交通不便利、信息传播及技术交流渠道不畅，各地胡椒种植技术水平也相差较大。盈江、保山等发展较早地区，由于较早与香饮所等胡椒专业研发机构合作，具有较高种植管理水平；而绿春属于非传统种植区，农民对胡椒生长习性了解还不够深入，未掌握胡椒高产管理、病虫害防控等关键技术，仅凭种植水稻等农作物经验来管理胡椒，尽管初期产业发展迅速，但近年来种植面积出现下滑，经济收益和农户信心受到影响。

2. 资金投入不足致使基础条件配套薄弱

经过多年的发展，尤其是脱贫攻坚政策的推动，云南热区的道路、水电等基础条件已有了较大改观，但由于云南胡椒产区普遍地处边远、山区、边境一带，这些区域先天发展滞后，进一步提升改善基础条件需要投入的资金量更大，建设需要的时间相对更长，以至于目前的基础条件与产业发展的匹配度差距还很大。

3. 缺乏龙头企业带动产业链延伸

龙头企业可带动产业快速、持续稳定发展。目前云南各产区仍以种植为主，原料生产和产品加工均缺乏龙头企业带动，特别后端加工等环节力量尤为缺乏，产业发展不平衡，产业附加值有待提高。

第四节　存在问题及解决方案

一、存在问题

1. 栽培技术水平低，效益不高

云南热区气候条件、地形、地势等与海南存在很大差异，生产管理技术也应不同，如海南有台风危害，云南有低温影响，海南地势较为平缓，云南多陡峭山地等。目前我国胡椒主要栽培技术大多以海南基础条件为主制订，香饮所通过行业专项与云南省农业科学院热带亚热带经济作物研究所、云南省德宏热带农业科学研究所进行联合攻关，初步制订了适合云南干热区及湿热区的胡椒栽培技术，但云南热区地理、生态资源十分丰富，现有技术并不能完全符合云南绿春县等近年发展起来的地区种植条件，生搬硬套现成管理经验会导致成本增加、易遭受自然灾害等问题。因此，需要开展针对性研究，以便总结形成适宜生产管理技术。但由于未引进专业研究机构，目前该项工作进展缓慢。

2. 加工技术不规范，产业链短

云南胡椒生产以黑胡椒为主，加工方式主要是农民在自家屋顶或院子摊平晾晒，这种零星分散的加工方法虽然成本较低，但由于技术不规范、缺配套设备及清洁生产车间，导致晾晒时间、卫生状况等条件难以控制，生产出来的黑胡椒存在着色不一、色泽差，晾晒时间长、人工成本高、含水量不达标，杂质率偏高、微生物超标等问题，质量参差不齐，难以形成统一标准的产品，且达不到欧盟等发达国家高标准质量的要求，造成产品一般由普通商贩作为统货收购，价格低，附加值难以体现，不利后端优质品牌打造。

3. 技术培训滞后，普及率低

一方面，基层农技人员对胡椒科学栽培技术了解不深、掌握不够，对全县胡椒生产的指导作用不强；另一方面，椒农科技意识薄弱，生产技术水平落后，技能培训相对少，导致栽培管理措施跟不上，病虫害发生严重，限制了胡椒产业的发展。此外，胡椒生产还存在质量安全水平低，缺乏完善的产品质量安全保障体系；胡椒市场信息不对称，无法及时、准确地向生产者提供市场信息用于指导生产经营等问题。因此，在制定适宜当地胡椒高效生产技术基础上，还需要通过技术培训、示范基地建设等多种方式进行宣传，提高椒农管理技术水平。

二、解决方案

1. 建立胡椒产业研发中心

技术创新和推广应用是胡椒产业可持续发展的保障,建议与香饮所等国家级专业研究机构、中国热带作物学会等社会团体协作,联合云南省农业科学院相关研究所等当地科研机构,成立胡椒产业研发中心,共同开展针对性研究,以解决云南绿春等地特殊气候、地理环境下胡椒生产问题,总结提出当地胡椒配套化生产技术规范,为当地胡椒产业做大做强提供持续科技支撑。

2. 加强技术扶持和人才培养

当前农户对因水害、胡椒瘟病等造成死株率居高不下的原因认识不清,认为难以解决,而建立示范基地进行典型示范是解决这一问题的有效办法。建议尽快组织愿意配合农户,由香饮所等单位提出技术方案,政府给予适当资金扶持,打造防水、抗瘟样板地;培养基层技术服务人员尽快掌握胡椒生产技术,建立责任田制度,通过技术人员的责任田带动提高椒农技术水平。

3. 打造中国优质黑胡椒绿色生产示范基地

以打造绿春县"中国黑胡椒之乡"为重点目标,整合地方政府、科研院所和加工企业等多方资源,围绕绿色种植与加工、高端品牌打造、企业培育等,建立绿春黑胡椒绿色高效生产示范核心基地,辐射德宏、保山、普洱等地。重点在绿春县骑马坝、三猛、大黑山、平和镇和盈江县那帮镇、保山潞江坝等乡镇打造良种苗繁育基地、标准化绿色种植示范基地,在保证优质绿色原料生成的基础上,扶持或引进1~2家加工企业,制定绿春优质黑胡椒生产标准,建立清洁加工技术示范基地,打造绿春中国黑胡椒高端品牌。在此基础上,示范带动云南适宜区域发展建设中国优质黑胡椒绿色生产示范基地,有力巩固拓展脱贫攻坚成果和有效衔接乡村振兴战略的实施。

第二篇　胡椒标准化生产

　　我国胡椒在经历 70 多年的曲折发展后，自 2005 年以后就已步入了优势区域发展阶段，胡椒种植业主要集中在海南的文昌、琼海、海口、万宁四市县，这四市县胡椒种植面积及年产量均占我国总量的 80% 以上，由于该四市县均位于海南的东部沿海，气候条件的主要特点为降水量大、年积温高、台风多发频发且强度大，但该区域胡椒年生长量大、产量高，是我国胡椒最适宜种植区域，以香饮所为主的我国胡椒产业广大科技工作者，经历了 70 多年的长期研究，针对该区域胡椒的生长发育规律，研发了一系列的配套生产技术及标准，形成了我国胡椒生产体系的标准化技术。

第五章 胡椒标准化种植

第一节 种苗繁育

一、割 苗

（一）优良种苗标准（彩图57）

生产上主要采用插条繁殖，插条（种苗）的优劣直接影响种植的成活、植株的生长快慢、产量和寿命，因此，插条须取自生长正常、无病、1~3年生的优良母树主蔓。根据云南的气候条件，以雨季剪蔓割苗为最好。低温和干旱季节不宜剪蔓割苗，这时剪蔓割苗，不但影响母株生长，容易发生病害，而且育苗成活率低。

优良种苗的标准是：长度30~40厘米，有5~7个节；蔓龄4~6个月，粗度达0.6厘米以上；节上气根发达，且都是"生根"；插条顶端两个节各带一个分枝和10~15片叶，腋芽发育饱满；没有病虫害和机械损伤。

（二）优良母树选择

插条苗的优劣直接影响植株的成活率、生长速度、产量和经济寿命。需在生长正常而无病的1~3年未投产优良母树上，选择健康的攀缘于支柱上的主蔓，切取插条材料。母树基部、树冠内部及植株封顶后从顶端长出的蔓，徒长纤弱，气根不发达，如用来切取插条，会导致种植成活率低，分枝晚，结果迟，一般不宜采用（彩图58、彩图59）。

（三）割蔓季节

海南岛胡椒割蔓一般在春季和秋季，秋季最好不迟于9月。广东、福建、云南和广西等气温较低的地区，割蔓不宜迟于8月。高温干旱、低温季节以及在椒园发生瘟病时，都不宜割蔓，以免影响母树生长和育苗成活率，使病害蔓延。

（四）割蔓前去顶

在割蔓前10~15天将主蔓顶端3~5节幼嫩部分去掉，同时按算好每条主蔓可切取的种苗数，留下备取的每条种苗应带的两条分枝，把其他多余的分枝割除，以抑制主蔓往上生长，使组织充实、老化，使得切取的苗成活率高，且定植后抽蔓快,生长整齐(彩图60)。

(五)割蔓和切取种苗

当主蔓生长4~6个月时,为了减少组织失水,提高成活率,应选阴天或晴天下午割蔓。割蔓要按整形的要求,用锋利的枝剪或小刀将主蔓切断,然后由下而上解开缚蔓的塑料绳,然后一人扶住蔓的顶部,以防止蔓苗自然脱落,另一人由下而上将主蔓气根从支柱上剥离,再由下而上,小心地顺势拉下主蔓,在主蔓脱离支柱的同时双手握住蔓的基部并使蔓基部朝上尾朝下,"倒提着"蔓苗到园外,选择荫凉的地方将蔓苗小心放到地上,并尽快按种苗的标准切取插条。切口要平滑,防止破裂。插条要边切边蘸水,最好是将切口端放在水中浸20分钟左右,然后分级按50条一捆绑好,放在阴凉的地方,保持湿润,且要及时育苗或定植(彩图61)。

二、育 苗

(一)苗圃地的选择

苗圃地应选排水良好、土层深厚、沙质、靠近水源和静风的平地或缓坡地。多次育过胡椒苗,靠近病园、道路和菜地,特别是种过茄子、烟草和番茄等的土地,一般不宜选用,否则易引起病害。

(二)苗圃地的准备

育苗前半个月要垦地,清除树根、杂草、石头等杂物,土壤经充分暴晒后打碎起畦。畦高20~30厘米,面宽1米左右,沟宽40厘米,畦面要平整,苗圃周围要开排水沟。

(三)架设荫棚

育苗前准备好荫蔽物或架设荫棚,荫蔽度90%左右。种植面积大,种苗数量多,可以根据种苗的多少,架设大荫棚或小荫棚。一次割苗较少的农户,也可在畦的四周插芒萁进行荫蔽,或棚架上用遮阴网或耐腐枝叶如椰子叶等进行荫蔽。

(四)育苗方法(彩图62、彩图63)

一般在晴天下午或阴天育苗,种苗要按长短和粗壮分级,按20~30厘米的行距开沟,沟的一面做成45°的斜面,弄平压实,将种苗按10~15厘米的株距排列,种苗上端两节露出畦面,气根紧贴土壤,盖土后压紧,但不能压伤种苗,然后淋足水,没有事先做好荫棚的就要插上荫蔽物,若为了补种,可以事先用塑料袋育好种苗,这样补种后容易赶上原种的植株。

(五)苗圃管理

一般育苗20天内要经常淋水,保持土壤湿润,干旱时须每天淋水1~2次。

种苗培育 10 天左右开始发根，成活后可以逐渐减少淋水次数。

三、种苗出圃、包装和运输

种苗培育 45 天左右可出圃。育苗时间太久，根多又长，新蔓抽出且生长纤弱，定植时易伤根伤蔓，影响成活及生长；育苗时间太短则不易分辨在割苗或运输过程中已造成机械损伤的种苗。挖苗时，如土壤干燥板结，应先淋足水后再挖，防止伤根过多。同时要将过长的根及新蔓剪掉，仅保留根长 5~10 厘米及新主蔓 2~3 个节，利于定植后生长。如有瘟病发生，应禁止种苗出圃。有花叶病和细菌性叶斑病的种苗应淘汰。

挖苗定植时，一般应边挖边种。若需长途运输，应根据种苗长短、壮弱分级，30~50 株为一捆，用稻草或椰糠等材料包扎好，枝叶要露出外面，装于箩筐中，洒水保湿。途中还要注意保湿、遮阴，防止失水损伤（彩图 64）。

第二节　胡椒园的开垦

一、选择园地

1. 水源

应选比较接近水源、方便灌溉的地方；但不宜太靠近河流、水沟、水库，避免发生水害和病害。

2. 地形、坡向

应选择坡度 3°~5°、最好不超过 10° 的缓坡地。低洼地（特别是锅底形地）或地下水位高的地方不宜选用。温度较低易受霜冻危害的地区（如云南、广西等）应选阳坡地。

3. 土壤

应选择土层深厚、比较肥沃、结构良好、易于排水、呈微酸性的沙壤土或中壤土。盐碱地、排水不良的重黏土、保水保肥力差的重沙土及旧宅地不宜选用。

4. 园区选址

大面积种植时应选择便于运输的地方。

二、园区规划

园区规划包括胡椒园区的大小、走向、防护林、园区道路、排水和灌溉系统等。

1. 胡椒园设计

胡椒易受台风、瘟病等影响，因而单个胡椒园面积不宜太大，不同地区可以根据当地实际情况设计为 5~10 亩：在海南由于台风高发频发，为减轻台风危害，单个胡椒园面积一般为 5 亩种植 400~500 株；而在云南由于没有台风危害，胡椒园面积可以适当大些，但年降水量较大的地区如绿春县等，由于易受胡椒瘟病影响，因而单个胡椒园面积不宜超过 10 亩。此外，园与园之间应保持一定距离，并设置隔离带，以控制病害传播。低温地区，在地形选择上最好选在向阳面和半山腰背风口位置，以避免冬季低温寒害的不利影响。

2. 防护林设计

园区规划要与防护林或隔离带设置相结合，防护林可防风、防寒、防病害传播，一般距胡椒植株不少于 4.5 米，高中低搭配，离胡椒园较近可种植较矮的油茶、黄皮和竹柏等树种，较远可种植较高的木麻黄、台湾相思和小叶桉等树种。主林带位于高处与主风向垂直，植树 7~9 行；副林带与主林带垂直，植树 5 行左右。无台风、寒害等自然灾害地区，防护林规模等可适当增减（彩图 65）。

3. 道路设计

设置道路一是方便通行和物资运输，二是通过减少园区内通行，降低土传性病害传播。道路由干道和小道组成。干道是胡椒园主要通道，设在防护林带的一旁或中间，宽约 4 米，外与公路相通，内与小道相通；小道设在园区四周、防护林带的内侧，宽 1~1.5 米（彩图 66）。

三、开 垦

1. 深耕全垦

垦地一般在定植前 2~3 个月进行。最好深耕全垦，让土壤充分熟化，提高土壤肥力。开垦时，首先划出防护林带，加以保留，接着砍芭（无用树木），清出有用林材，其余小灌木、树枝、杂草等就地燃烧或烧制成火烧土，并挖除树头树根，然后机耕 30~40 厘米，将残存的树根、杂草、石头等清除干净。土地垦耕后，随即平整，修梯田和开设排水沟。

2. 筑梯田

坡度在 5°以下的开大梯田，面宽 6 米，种 2 行；坡度在 5°以上的开小梯田，面宽 2.5 米，种 1 行，梯田面稍向内倾斜（彩图 67）。

3. 起垄

等高起垄有利于排水，避免椒头积水，对于预防胡椒瘟病有一定的效果，垄面呈龟背形，垄高约 20 厘米，以后逐年加高到 40 厘米左右（彩图 68）。

4. 开排水沟

胡椒易受水害和瘟病影响，所以年降水量超过 1 600 毫米或日降水量易超过 50 毫米地区，如海南及云南绿春县等地，在雨季胡椒园都容易造成积水，积水易使胡椒园发生瘟病和水害。为防止椒园积水，椒园四周须挖环园大沟，为防止树根破坏大沟或大沟妨碍胡椒根系生长，大沟一般离隔离带 2 米，离胡椒 2.5 米，沟宽 80 厘米，深 60~80 厘米。园内一般每隔 12~15 株胡椒开一条纵沟，纵沟宽 50 厘米，深 40 厘米左右，与大沟相通。起垄后的垄沟及梯田后壁的小沟也要与纵沟及大沟相连（彩图 69）。

5. 建设沤肥池

胡椒需肥量大，特别对水肥比较敏感，因此园区设计建设时，须同时修建沤水肥池。沤肥池一般是平地建于胡椒园旁边，坡地建于坡顶，大小和数量可根据胡椒园面积和园区之间的距离确定，一般每 3~5 亩地应至少修建一个直径 3 米、深 1.2 米的圆形沤肥池，为有效防止渗漏，沤肥池修建在地下为宜（彩图 70）。

6. 灌溉系统设置

灌溉系统可以利用垄沟和梯田内壁小沟灌水；也可在园区最高处修建水塔，采用喷灌、地灌、滴灌等方法进行灌溉（彩图 71）。

7. 挖穴

定植前 2 个月挖穴，为保证胡椒根系有足够生长空间，穴长、宽、深均约 80厘米，穴壁垂直，表土、底土分开放置（彩图 72）。

8. 施基肥、回土

定植前半个月将表土回穴至 1/3，将 20 千克基肥、0.25~0.5 千克过磷酸钙与表土充分混匀回穴踏紧，做成土堆，准备定植（彩图 73）。

第三节　定　植

一、定植前的准备

胡椒园建立后，在定植前还应做好以下几个方面的准备工作，才能正式定植。

1. 辅助基肥（送嫁肥）的准备

辅助基肥由 3~4 份腐熟的牛粪或堆肥与 6~7 份的表土组成，每株胡椒准备3~5 千克辅助基肥。

2. 荫蔽物的准备

为保证定植后的成活率，胡椒定植后都必须立即盖上荫蔽物，常用的荫蔽物有芒箕、山葵、棕榈叶或不易落叶的树枝等，这些荫蔽物必须在定植前 2~3 天准备好。

3. 防护林的准备

在风害影响严重的地区必须在定植前 2~3 个月种植防护林，并加强防护林的管理，争取让防护林早日成林，真正起到防护林对胡椒的保护作用。

4. 短期间作物的准备

在高温干旱地区，由于日照强烈，温度过高，椒园干旱，小苗生长易受抑制，必须在定植前 1 个月在胡椒园行间种植短期间作物，如山毛豆等，以起到一定的遮阴、降温、保水作用，促进小苗生长。

5. 沤水肥池的准备

为保证定植时和定植后胡椒园的淋水、淋肥工作的顺利进行，定植前还应设好沤水肥池。沤水肥池一般应设计成两部分，一部分用于储放清水，另一部分则用于沤制有机水肥。在海南，沤水肥池一般在椒园的一角空地上，挖一直径 3 米深度 1.2 米的圆形池，四周及底用红砖和水泥密封，圆周的 1/3 处砌一隔墙把沤水肥池分成两部分。

6. 支柱的准备

胡椒是藤本植物，需要借助支柱吸附攀缘才能正常生长，形成圆柱形树型。因此，定植前应把支柱准备好。定植后不久，在小苗萌芽前后把支柱竖好，支柱的种类很多，归纳起来可分为死支柱和活支柱两大类。各地应根据经济耐用、抗风力强、适于胡椒攀缘生长、又降低生产成本等原则，就地选用。

（1）死支柱（包括木支柱、石支柱、水泥支柱等几种）

木支柱：木柱要求木质硬，耐用。基部直径 12~15 厘米，顶部直径 10~12 厘米，长约 3 米（包括入土 80 厘米）。木柱可以就地取材，初期投资少，适于胡椒攀缘生长，但不耐用，需要经常更换，花工多，换柱也容易扭伤主蔓和枝条，影响生长，同时木柱也易引起各种根病。

石支柱：石柱是用坚硬的大石加工而成，呈长方形。石柱长 3 米，要求基部粗 12~13 厘米，且上下大小比较均匀。石柱靠近地面部分小于 12 厘米时易被强台风刮断，因此石支柱必须讲究质量。石支柱一般坚固耐用不必更换，但成本高，初期投资大。且主蔓吸根在支柱上吸附不甚牢靠，高温干旱季节，柱身温度高，对主蔓的生长有影响，必须加强绑蔓、遮阴和施肥管理，使胡椒植株生长良好。从长远利益考虑，使用石支柱还是合算的。现在海南各地普遍使用。

水泥支柱：水泥支柱是用钢筋、水泥、沙和碎石制成，横断面是圆形、三角形、方形，而以圆形的较好。制造圆形水泥支柱的规格是长 3~3.5 米，基部直径 12 厘米，顶部直径 8 厘米，每制造 100 条支柱，需要 6 毫米的钢筋 350~380 千克，500 号水泥 750 千克，碎石（直径 1~2 厘米）1.6~2 立方米，沙 1.3~1.4 立方米。水泥、沙、碎石的比例为 1:2:3。水泥支柱抗风力强、坚固耐用，利于主蔓吸根吸附生长，在高温干旱季节对胡椒的生长影响不大，是比较理想的支柱。但这种支柱成本高，初期投资大。

（2）活支柱

提供适于胡椒攀缘生长的活树叫活支柱。其优点是可以就地取材，成本低，且不要更换，利于个体农户分散栽培。缺点是在一定程度上与胡椒争夺水分、养分，并过度荫蔽，光照不足，影响胡椒的开花结果，一般产量较低。但如选择适宜的树种，控制其生长和荫蔽度，减少活支柱对水分、养分的竞争，胡椒也可获得较高的产量。因此，用做活支柱的树种力求具备下列条件。

①树干直立，插条易成活，生长迅速，树冠稀疏，寿命较长。

②根系较深，侧根较少。

③树皮粗糙，且不易脱皮，适于胡椒吸附攀缘。

④抗风、耐旱、耐修剪。

⑤没有严重病虫害。

国内外作活支柱的树种很多，常用的有刺桐（*Erythrina variegata* Linn.）、银合欢（*Leucaena leucocephala*）、甜荚树（*Glgricidia maculata*）、槟榔（*Areca catechu*）、椰子（*Cocos nucifera*）、厚皮树（*Lannea coromandelica*）、木棉（*Bombax malabaricum*）、木菠萝（*Artocarpus heterophyllus*）、苹婆（*Sterculia nobilis*）等。

活支柱的插根长 3 米，直径 7 厘米，在雨季插植于大田，深 60 厘米，使根系分布在较深的土层，减少与胡椒争夺水分和养分。活支柱扦插成活后，随着生长，树冠逐渐加大，荫蔽度也随着增加，胡椒的生长和结果都要受到影响，必须进行修剪。一般每年修剪 2~3 次，在海南特别是在 7 月下旬采完果后，一定要修剪，这时快进入台风雨季节，也接近胡椒开花期，修剪使胡椒园阳光充足，避免支柱被台风吹倒，有利于胡椒开花结果。

二、种植规格

胡椒的种植规格是指胡椒的种植株行距大小和胡椒支柱的高度，种植规格的大小决定着胡椒单位面积的结果体积大小，从而影响胡椒单位面积的产量，胡椒在幼龄时期需要适当荫蔽，但在开花结果期则需要充足的光照和足够的营养面积。若过于密植，植株相互荫蔽，阳光不足，植株下部出现大量枯枝而使树冠空虚，结果面减少，产量低。同时胡椒园湿度大，容易发生病害，也不便于管理。但种植太疏也会影响单位面积产量。种植规格应根据不同的地形、土壤、气候条件以及支柱类型来决定，做到合理密植，最大限度地提高单位面积产量。

在多台风地区的海南，由于雨量充沛，光照充足，胡椒年生长量大，但由于台风多，易受台风危害，一般采用的株行距为 2 米×2.5 米、支柱种深 80 厘米、地面支柱高在 2 米左右，每公顷种植胡椒约 2 000 株。

低温山地如云南的绿春县等地，年积温较低，胡椒年生长量小，树冠幅度也小于海南，但因其大多种植在山地、且坡度大须开环山梯田种植，行与行之间因高差大，相互间的遮阴程度小，因而可以适当密植，种植方式可采用高柱密植的方法，株行距（1.6~2 米）×2 米，每亩种植 180~200 株，支柱种深 80 厘米、地面支柱高 2.5~2.7 米。

高温干旱无台风地区如柬埔寨，由于光照强烈胡椒植株易受烈日灼晒而受伤，可采用高柱密植方法，以尽早形成椒园内部的相互荫蔽构建椒园良好生态环境，株行距可采用（1.8~2 米）×2 米，每亩种植 167~185 株，支柱种深 80 厘米、地面支柱高 2.7~3.0 米。

三、定植时期

定植时期应选温暖而多雨的季节进行：如在海南可选在开春后的 3—5 月或秋季的 8—10 月；在云南如绿春县等地，定植时间以端午节前后（6 月下旬至 7 月中旬）为宜，灌溉条件较好的地方也可在 4 月定植。定植应在晴天下午或阴天进行，雨天或雨后土壤湿度大时不宜定植。

四、定植方法

1. 立临时支柱

尚未竖立胡椒支柱的胡椒园，应定植前在植位的一边离穴壁 15 厘米处插上标棍或临时支柱，定植方向应与梯田走向一致，椒头不宜向西，避免太阳晒伤椒头。

2. 挖定植穴

在支柱或标棍约 10 厘米处挖一深 30~40 厘米的"V"形小定植穴，使靠支柱或标棍的坡面形成 45°~60°的斜面，并压实（彩图 74）。

3. 种苗种植

种苗种植可采用双苗或单苗种植，单苗定植时，种苗放置于斜面正中，对准标杆；双苗定植时，两条种苗对着柱呈"八"字形放置。定植时每条种苗上端 2 节露出土面，根系紧贴斜面，分布均匀，自然伸展，随即盖土压紧，在种苗两侧放腐熟的有机肥 5 千克，然后再回土做成中间呈锅底形的土堆，上面盖草，淋足定根水，并在植株周围插上荫蔽物，荫蔽度以 80%~90% 为宜（彩图 75 至彩图 77）。

五、定植初期的管理

定植后管理主要是保证荫蔽和淋足水分，幼苗成活长出主蔓时，应及时插支柱适量施肥、绑蔓和除草等。

1. 淋水

胡椒植后长出新根的时间，插条假植的快些，不假植的慢些。一般需经 5~15 天才陆续长出新根，恢复生长。因此植后应经常淋水，保持土壤湿润，避免种苗失水萎缩，影响成活和生长。除栽植时淋足定根水外，植后遇晴天，宜连续 3 天淋水，以后每隔 1~3 天淋水 1 次。直至幼苗成活，生长正常，淋水可逐渐减少（彩图 78）。

2. 补插荫蔽物

定植后 1 年内，特别是高温干旱季节，保持荫蔽是很重要的。如荫蔽物损坏，太阳光直射到椒头，主蔓会被灼伤。叶片变黄，甚至死亡。调查表明，植后 3 个月，由于荫蔽物损坏而不及时补插，幼苗被灼伤而死亡的达 37.5%。因此植后应经常检查荫蔽物，如有损坏或被风吹散失的，应立即补插，直至植株枝叶能自行荫蔽到椒头为止。

3. 补植

定植后 1~2 个月，幼苗已经成活，这时应全面检查成活率。如有死株或生长不良的幼株，应及时补植或换植，以后定期检查，搞好补换植工作，最好做到一年内苗齐，生长一致，便于管理。

4. 施水肥

幼苗枝条侧芽萌动时，说明幼苗已成活和生长，应开始在幼苗周围浅沟施稀薄的牛粪、猪粪尿沤制的水肥，每隔 15 天施 1 次，以加速幼苗的生长。

5. 插小支柱

植苗时没有竖立永久性支柱的，在幼苗抽出新蔓时，要及时插上小支柱，以供新蔓攀缘生长，小支柱直径为 4~5 厘米，长 1.5~2 米，插在离椒头 10 厘米处，入土 30 厘米，经 6~12 个月，小支柱腐烂损坏后，再及时换上永久支柱。

此外，还要注意培土、松土、除草、覆盖，特别是绑蔓。

第四节　幼龄胡椒管理

胡椒定植后成活、抽芽至植株封顶开始放花结果前，这一时期称为胡椒的幼龄期。由于目前生产上一般都采用无性插条苗进行繁殖，因而胡椒苗自定植成活后就具有开花结果的特性，同时胡椒花芽为混合芽，每抽生一片叶都会同时抽生一穗花穗，因而胡椒植株具有周年开花结果的习性。胡椒的经济寿命可达 25~30 年，为确保胡椒长期的稳产高产，在胡椒的幼龄期培养胡椒的丰产树型成为胡椒生产上非常重要的环节。要培养胡椒的丰产树型，必须加强幼龄期的施肥、整形修剪等一切促进胡椒营养生长、抑制胡椒生殖生长措施。

一、定植后淋水

胡椒定植 7~15 天后开始长出新根。因此，定植后要连续淋水 3 天。以后每隔 1~2 天淋水 1 次，保持土壤湿润，成活后淋水次数可逐渐减少。

二、查苗补苗

植后 20 天要全面检查种苗成活情况，进行查苗补苗，保证全部种苗成活。荫蔽物受损的，也要及时补插。

三、施　肥

（一）施肥原则

幼龄胡椒主要是营养生长，即根、蔓、枝、叶的生长。以施速效肥为主，配合有机肥施用。根据幼龄胡椒的生长发育特点，应贯彻勤施、薄施、生长旺季多施液肥的原则。

（二）水肥

胡椒种植成活后就可以施水肥。

1. 沤制方法

由人畜粪、尿、饼肥或绿叶和水一起沤制。肥料用量和水肥浓度可随胡椒树龄的增加而增加。小椒、中椒和投产胡椒可以按 1 000 千克水分别加入牛粪 150 千克、200 千克和 250 千克，饼肥 2 千克、3 千克和 5 千克，还有绿叶 50 千克。沤制期间要经过几次搅拌，1 个月以后就可使用。

2. 施用方法

正常生长期 10~15 天施一次水肥，一般情况下一龄椒每株每次施 2~3 千克，二龄椒每株每次施 4~5 千克，三龄椒每株每次施 6~8 千克。如果水肥太浓可加水，浓度不够，每担（1 担 = 50 千克）可加复合肥 0.1~0.2 千克。

建议胡椒在剪蔓前或剪蔓后一周，可以安排施一次水肥，有助于植株抽出新蔓。

（三）其他肥料

1. 肥料种类

春季施有机肥和磷肥，一般每株穴施腐熟、干净、细碎的牛粪堆肥 30 千克左右，过磷酸钙 0.25~0.5 千克，饼肥 1 千克。

2. 有机肥堆制方法

一般用的有机肥为牛粪，也可加入饼肥、过磷酸钙和火烧土。堆制过程中翻动几次，做到腐熟、干净、细碎、混匀才能使用。堆制所需各种肥料的用量，应根据胡椒生长发育不同阶段对肥料的需要决定，基肥一般牛粪与表土的比例为 3∶7或4∶6，攻花肥一般牛粪与表土的比例为 5∶5 或 6∶4。

四、深翻扩穴

深翻扩穴是拓展胡椒根系生长范围，进而促进胡椒植株地上部营养生长的重要措施。深翻扩穴一般结合春季施迟效的有机肥和磷肥进行，宜在植株正面和两侧轮流穴施，在胡椒植株封顶结果前每年进行 1 次，一般穴长 80 厘米，宽 40~50 厘米，深 70~80 厘米（彩图 79）。

一般每穴施腐熟、干净、细碎的牛粪堆肥 30 千克左右，过磷酸钙 0.25~0.5 千克（红壤土可用 0.5~1.0 千克）。

五、除 草

根据杂草生长情况及时清除，通常 1~2 个月除草一次，但梯田埂上或园内外的排水沟上杂草，可以修剪，不必清除，以利于保持水土。也可在园内铺设覆草膜，既可降低除草成本，也有利于保持水土（彩图 80、彩图 81）。

六、松　土

幼龄胡椒松土分为浅松土和深松土两种。浅松土是在雨后和结合施肥时进行，深度10厘米。深松土每年进行2次，分别在3—4月和11—12月进行。先在树冠周围浅松，然后逐渐往树冠外围及行间深松，深度约20厘米（彩图82）。

七、覆　盖

（一）覆盖物

一般采用死覆盖物，主要为稻草、椰糠、香茅草、杂草（没有再生能力的）和绿叶等；也可在梯埂上种活覆盖作物，一般为卵叶山玛蝗、野花生等多年生矮化豆科植物，以保持水土。

（二）覆盖方法

覆盖时间一般为旱季初期，可采用根圈覆盖或全园覆盖。保水性差的沙土、石子地可终年进行覆盖，排水不良的土壤雨季不要覆盖，胡椒瘟病园不宜进行覆盖。

建议在旱季趁松土之后用椰糠或稻草进行覆盖（彩图83）。

八、竖　柱

小苗定植后6~12个月，或临时支柱腐烂损坏时，应及时换上永久支柱，一般支柱离胡椒20厘米，海南等多台风地区，支柱最好埋入80厘米，以防风大造成植株倾斜或倒伏。插临时支柱的胡椒，在第2、第3次剪蔓时，可换为永久支柱，防止临时支柱倒伏而折断主蔓。

九、绑　蔓

（一）绑蔓方法

一般新蔓长出3~4个节时就开始绑蔓，以后每隔10天左右绑一次。绑蔓宜在上午露水干后或下午进行，此时植株含水量降低，嫩蔓柔软，不易折断。用柔软的塑料绳在蔓节下将几条主蔓绑于支柱上。绑时用手调整和压紧主蔓，然后将绳子拧紧绑好。一般每2个节绑一道，但准备做种苗的主蔓，最好做到节节都绑（彩图84）。

（二）绑蔓要求

（1）绑蔓要及时，松紧要适度。主蔓上端第1节不要绑，第2节不要绑得太紧，并打活结，以免影响主蔓生长。

（2）要把主蔓调正，均匀地配置在支柱上。如主蔓交叉或弯曲，要小心调整后再绑。

（3）绑蔓时不能将枝条绑在支柱上，要按照层序高低调整，防止互相挤压，影响枝条向外伸展。

（4）老蔓、嫩蔓分别绑，先绑老蔓，后绑嫩蔓。绑蔓时要小心，防止扭伤枝条和折断主蔓，特别是雨后或早晨绑蔓时更应注意。

（5）在高温干旱季节绑幼蔓时，可将蔓节上的叶片反转垫于节下，避免石支柱温度高灼伤嫩蔓而影响植株生长。

十、摘　花

为了促进蔓枝的生长和树型的形成，幼龄胡椒开的花要及时摘掉，限制结果。但也有一部分 2 龄以上将近封顶的植株，长势旺盛，冠幅达 120 厘米，可以适当保留植株下部的花穗，让其结果（即放半柱花）。同时要加强施肥管理，保证植株正常生长（彩图 85）。

十一、剪　蔓

剪蔓是培养胡椒高产树型的重要措施，可达到抑制顶端优势、促进地上部冠幅增大、结果枝增多的目的。生产上采用留蔓 6~8 条、剪蔓 4~5 次的整形方法。

（一）胡椒的高产树型

标准胡椒的高产树型为：植株离地面柱高 2.2 米左右，具有 6~8 条蔓，冠幅 160~180 厘米，有 120~150 个枝序，每个枝序有 15~25 条结果枝。

（二）剪蔓时间

应在春、秋雨季进行，切忌在高温干旱、低温干旱的季节和发生胡椒瘟病时剪蔓。

剪蔓一般上半年在 3—4 月、下半年在 8 月下旬至 10 月进行（云南下半年低温期来得早，可根据具体情况提前到 8 月剪蔓），不宜在高温干旱、低温干旱季节和发生胡椒瘟病时剪蔓。

胡椒植后 6~8 个月，大部分植株高达 1.2 米时进行第 1 次剪蔓。在离地面 20~30 厘米（3~6 个节）处剪蔓，保留 1~2 层枝序，并在每条蔓切口下 1~3 节处选留 2~4 条健壮的新蔓（图 8）。

第 2、第 3、第 4 次剪蔓，均应在所选留的新蔓长高 1 米左右时进行，在前一次切口上 3~4 节处剪蔓。

第 5 次剪蔓部位是在新蔓第 2 层分枝之上。

每次剪蔓都要使几条蔓的切口高度基本保持一致，剪蔓后都选留切口下长出的新蔓 6~8 条。

最后 1 次剪蔓后，待新蔓生长超过支柱 30 厘米时，将几条主蔓向支柱顶部中心靠拢，按顺序交叉绑好，这叫封顶。再在离交叉点上 3 节处将几条主蔓去顶，使之逐渐形成圆柱形树冠。

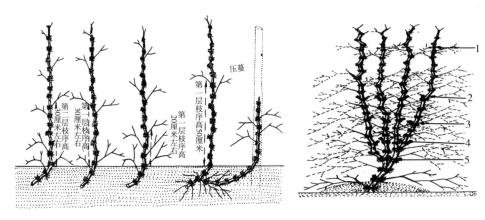

1. 第五次剪蔓；2. 第四次剪蔓；3. 第三次剪蔓；4. 第二次剪蔓；5. 第一次剪蔓

图8　剪蔓示意图

（三）剪蔓方法

1. 留种苗剪蔓（彩图86）

（1）将切口处上方1~2道绑绳切断，切断主蔓，切口要平滑，然后解开切口上方其余绑蔓的绳子。

（2）由下而上地将气根从支柱上拉下来，小心拿下主蔓，竖直拿到荫凉的地方，尽快按种苗的标准切取插条。

2. 不留种苗剪蔓

二龄植株可采用多次去顶法，即在新蔓长高达40~50厘米时，从前次切口上3~4节处去顶，连续进行5~6次，能提早封顶投产。

十二、修　芽

胡椒剪蔓后，长势旺盛，往往大量萌芽，抽出新蔓。整株胡椒应按照留强去弱的原则，留足6~8条主蔓，多余的芽和蔓应及时切除。

十三、剪除"送嫁枝"

种苗带来的枝条叫作"送嫁枝"。在第二次剪蔓后可以剪去，以阳光不晒胡椒头为准。注意不要在雨季或高温干旱时剪枝。

第五节　结果胡椒管理

一、摘　花

胡椒主花期因不同地区气候差异而有不同。在海南放秋花（9—11月），湛江放春花（3—5月），云南放夏花（5—7月）。但结果胡椒在养分充足时，一年四季均可来花，因此，在胡椒生产管理中，非放花季节来的花，应及时摘掉。

二、摘　叶

每隔2~3年对长势旺盛、冠幅大、老叶多的植株适时进行合理摘叶。一般在8月下旬进行，留长果枝（4~7节的果枝）顶端3~5片叶，短果枝（1~3节的果枝）1~3片叶。

三、修徒长蔓

结果胡椒在养分充足时，其树冠内部也会抽出新蔓，这些蔓缺少光照，纤弱徒长，称为徒长蔓，应及时剪除。

四、去顶芽

结果胡椒每年都会从原来封顶的地方抽出许多新蔓，这些新蔓称为顶芽，也应及时在原来封顶的位置将这些顶芽剪除。

五、加　固

海南、广东台风次数多，云南季节性阵风大，结果胡椒要用较粗的尼龙绳将主蔓绑在支柱上。一般40厘米绑一道，每道绳子绕两圈，松紧适度，要打活结（彩图87）。

每年台风、阵风季节到来之前都应检查，尼龙绳断的要重新绑好。

六、灌　水

起垄栽培的胡椒园，可以进行沟灌，水位不宜超过垄高的2/3，让其慢慢渗透。

不平整的胡椒园，可在垄沟中分段堵水，使全园土壤湿透。一般不宜淹灌，防止水害和传播病害。

喷灌起动快，操作容易，效果较好。

灌水一般在上午、傍晚或夜间土温不高时进行。在土壤温度较高的情况下，降小阵雨或给中小胡椒灌水，根系容易被烫伤，引发花叶病。

七、排　水

（一）及时排水

每年雨季来临之前，应疏通排水沟，填平凹地，维修梯田。大雨过后及时检查，排除园中积水。胡椒头下陷，要用表土培高。

（二）水害症状

1. 水害程度轻

地上部主蔓及枝条顶端嫩叶组织充水，略呈透明状，叶脉呈淡绿色，叶尖稍为翘起，主蔓顶端深紫色，植株中下部已稳定的叶片，深绿色且光泽格外明显。

这时土壤水分饱和，吸收根开始受害腐烂。

2. 水害程度重

在阴天植株上部蔓、枝的嫩叶叶脉深绿色，叶缘稍为向叶背卷曲，叶片下垂，叶面没有光泽，呈轻度失水状态。晴天太阳照射后，叶片明显失水下垂，特别是嫩叶更为明显。这时下层根系和地下蔓底部1~2节开始腐烂，呈水渍状。

（三）水害处理方法

（1）首先要降低胡椒园的地下水位，即将胡椒园四周的环园沟和园内纵沟加深。

（2）水害程度严重的植株，应在离胡椒头50厘米的地方将土挖开，详细检查地下蔓和底部根系，将受害的蔓、根切除干净。然后用1∶2∶100的波尔多液或1%的霜疫灵涂封切口。经晾干后，填进新的表土并踏紧，使之高出地面，防止渍水。地上部分则根据地下蔓和根系的切除情况，适当摘掉部分叶、花、果，稍加荫蔽，加强管理，以利植株恢复生长。

八、松　土

胡椒园土壤每年都要松土，一般在每年立冬和施攻花肥时各进行一次全园松土，先在树冠周围浅松，然后逐渐往树冠外围深松，深度15~20厘米。松土时要将土块略加打碎，并结合松土维修梯田和胡椒垄。

九、覆　盖

建议在冬季干旱季节趁松土之后用椰糠或稻草进行冠外覆盖，但胡椒瘟病园不宜覆盖。

十、培　土（彩图88）

在每年或隔年的冬春季节培土1次，每次每株培上50~75千克较为肥沃的新土。培土前先扫净树冠下的枯枝落叶，进行浅松土，然后把土均匀培在胡椒头周围，使胡椒头周围土壤呈馒头形，避免椒园雨水直接浸泡胡椒头。

十一、施　肥

（一）经验施肥

一般每个结果周期施肥4~5次。每株施肥量为：牛粪或堆肥30~40千克，过磷酸钙1.5千克，饼肥1.0千克，水肥40~50千克，尿素0.2~0.3千克，氯化钾0.4千克，复合肥1千克。

1. 第1次重施攻花肥

一般在8月，下透雨，植株中部枝条侧芽萌动时施下攻花肥。施肥量约占全年施用量的1/3。攻花肥以速效氮磷肥为主，配合迟效的有机肥和钾肥。一般株施腐熟的有机肥15千克，过磷酸钙0.25~0.5千克（与有机肥混堆），水肥10~

20 千克，饼肥 0.5 千克（沤水肥或与有机肥混堆），复合肥 0.2~0.3 千克，尿素 0.15~0.2 千克，氯化钾 0.15 千克。开沟后，先施水肥，水肥干后施复合肥，接着施有机肥、尿素和氯化钾，然后覆土。

2. 第 2 次施辅助攻花肥

约在 9 月胡椒萌芽期，根据植株长势适当施速效肥料。每株施水肥 20 千克，尿素 0.1~0.15 千克，以满足胡椒开花结果的需要，提高稔实率。

3. 第 3 次施攻果肥

约在 11 月，幼果如绿豆般大小时施下，以满足果实生长发育的需要，提高抗寒能力，减少落果。每株施水肥 10 千克，饼肥 0.25 千克（沤水肥），复合肥 0.25 千克，尿素 0.1~0.15 千克，氯化钾 0.15 千克，镁肥 0.1 千克。这次施肥后，也可施火烧土，每株 5~10 千克或草木灰 1~2 千克。

4. 第 4 次施养果养树肥

一般在翌年 3~4 月施下。一般每株施有机肥 20~30 千克，过磷酸钙 0.25~0.5 千克，饼肥 0.5 千克（与有机肥混堆），氯化钾 0.15 千克，复合肥 0.25 千克，尿素 0.1 千克。可在植株后面、两侧和凹株之间轮穴施。结果多、长势差的植株还要多施一次水肥，每株 10 千克，尿素 0.1 千克。

5. 其他

红壤土地区，结合松土，可采用根外追肥的方法，每株撒施石灰 0.5 千克，增加钙肥，中和土壤酸性。

（二）叶片营养诊断指导施肥

1. 叶片采集

一年中在 3—4 月或 9—10 月、8—12 时或 14 时 30 分至 17 时 30 分，采集胡椒植株中部、阳面、短枝条上带花穗的完全稳定叶片，按每单位园块（约 0.3 公顷）采集 20~30 株，每株胡椒采集完全稳定叶片 3~5 片，组成一个混合样。

2. 试样分析

叶片样品经杀青、烘干、磨碎后，分析所需项目。

3. 肥料施用量的确定

根据当年养分消耗量和土壤养分供给量之差，确定肥料施用量。肥料施用量按式（5-1）计算：

$$Y = \frac{(L - X) \times Z \times B + J - G}{F} \tag{5-1}$$

式中：

Y ——某地块肥料施用量，克/株；

L ——叶片养分临界值（表 5-1）；

X ——叶片养分测定值，克/千克；

Z ——单株叶片总干重，克，按式（5-2）计算；

B ——全株养分与叶片养分比值（表5-2）；

J ——白胡椒计划产量需养分量（表5-3）；

G ——土壤供应养分量，克，按式（5-4）计算；

F ——肥料利用率（表5-4）。

$$Z = Z_1 \times V \tag{5-2}$$

式中：

Z_1 ——单位体积叶片干重，421 克/立方米；

V ——单株植株实测体积，立方米。

单株植株实测体积按式（5-3）计算：

$$V = \pi R^2 \times H \tag{5-3}$$

式中：

R ——冠幅的 1/2，米［从行间、株间两个方向，分别测量胡椒圆柱形树冠上、中、下（离地面150厘米、100厘米、50厘米）三个部位直径，以6个测量值的均值为冠幅］；

H ——株高（在树冠两侧的水平线上测量植株高度，取均值），米。

$$G = D \times 150 \times 行距 \times 株距 / 667 \times 校正系数 \tag{5-4}$$

式中：

D ——胡椒园土壤养分含量，微克/克，按式（5-5）计算；

150——土壤养分换算系数；

校正系数——N：30%、P：10%、K：40%、Ca：30%、Mg：30%。

$$D = （D 肥 \times S 肥 + D 非 \times S 非）/ S 单 \tag{5-5}$$

式中：

D 肥——施肥沟土壤养分含量，微克/克；

S 肥——施肥沟面积，0.45 平方米；

D 非——非肥沟土壤养分含量，微克/克；

S 非——非肥沟面积，S 单-S 肥，平方米；

S 单——单株胡椒占地面积，为株距和行距的乘积，平方米。

表5-1 单株叶片养分临界值

营养元素	单株叶片养分临界值（克/千克）	
	4月	10月
N	27.0~31.0	29.0~35.0
P	1.7~2.1	1.6~2.0
K	16.0~20.0	18.0~25.0

（续表）

营养元素	单株叶片养分临界值（克/千克）	
	4 月	10 月
Ca	11.0~13.0	10.0~12.0
Mg	2.3~3.0	2.7~3.1

表 5-2　全株养分与叶片养分比值

营养元素	N	P	K	Ca	Mg
全株养分与叶片养分比值	6.05	6.80	5.25	5.83	5.42

表 5-3　单位白胡椒需养分量

营养元素	N	P	K	Ca	Mg
单位白胡椒需养分量（克/千克）	33.60	2.50	16.20	5.90	2.38

表 5-4　肥料利用率

营养元素	N	P	K	Ca	Mg
肥料利用率（%）	40	10	40	30	30

（三）施肥方式（图 9）

1. 浅沟施

化学肥料、腐熟的牛粪、堆肥等多采用沟施。在植株两旁开"半月"形沟或开"马蹄"形环沟。沟离树冠叶缘 10 厘米左右，深 10~15 厘米，多种肥料同时施时宜深些。地面不平时，要分段挖沟，肥沟要水平。施肥后应覆土，使之略高出地面，防止肥沟土壤下陷积水。

2. 穴施

半腐熟的有机肥一般采用穴施，与幼龄胡椒定植基本相同，但肥穴不宜太深，防止损伤较粗的根系。一般挖穴长约 80 厘米，宽 30 厘米，深 30~60 厘米，随树龄的增大而逐渐浅挖。

3. 撒施

火烧土、草木灰等肥料一般采用撒施。先将肥料拌均匀，撒施于树冠下的地面及周围，但不能撒在胡椒头上，避免伤害蔓节，引起病害。撒施后再浅松土。

4. 根外追肥

植物叶面肥采取根外追肥的方法施用。

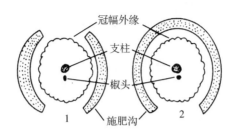

图 9 浅沟施肥

十二、胡椒肥害处理

（一）肥害简介

施肥浓度过大，用量过多，施肥的位置太靠近胡椒头可引起肥害。其中以施用未腐熟的牛粪、过磷酸钙成块、化肥浓度大或直接施于胡椒头、施用咸鱼肥等造成肥害的现象较普遍。

（二）处理方法

出现肥害后，应及时将肥沟挖开，用水冲洗降低肥料浓度。待肥沟干后，培回新土。施化学肥料引起肥害时，应及时将肥料挖出来，用水冲洗肥穴，将受害的根系切除，随即喷 1：2：100 的波尔多液或 1% 的霜疫灵，填进新土，并培高胡椒头，多埋进 2~3 节主蔓，促进新根生长，扩大根系。同时根据地下根系腐烂切除情况，适当摘除地上部分的叶、花、果，加强管理，促进植株恢复生长。

第六节　胡椒园抗逆管理

一、抗旱管理技术

胡椒怕旱，出现旱情，胡椒园土壤水分不足时，胡椒叶片逐渐失绿黄化，半枯或全枯叶片增多，引起植株落叶、落花、落果，干旱严重时植株枯死。

1. 松土

松土是抗旱保墒的主要措施之一，应在旱季来临之前的雨后进行松土。松土要先在树冠周围浅松。然后逐渐往树冠外围及行间深松，深度 20 厘米左右。松土要将土块略加打碎，同时还要结合维修梯田和胡椒垄。

2. 荫蔽

一般在 3 月初开始对二龄以下胡椒中小苗的荫蔽情况进行检查。荫蔽不好或荫蔽物少的要增加荫蔽物，以保证不让强烈的太阳光晒到胡椒头，顺利度过高温干旱季节。

3. 深翻扩穴

胡椒定植后 3 年内分次进行正面和两侧深翻扩穴。

4. 蓄积降雨

山坡、旱坡、丘陵园地种胡椒应修建梯田和鱼鳞坑，进行等高栽培。此外，在旱季胡椒头可做成兜状，以蓄积降雨到行内和椒头，提高局部土壤的水分利用能力，增加抗旱性。

5. 合理覆盖

年降水量低于 1 400 毫米或保肥保水能力差的沙壤土，应在旱季松土后用稻草等覆盖，有胡椒瘟病发生时不宜覆盖。

6. 节水灌溉

一般采用喷灌、微喷灌、滴灌等节水灌溉措施。在上午、傍晚或夜间土温不高时进行，在土壤温度较高的情况下，降小阵雨或给中小胡椒灌水，根系容易被烫伤，引发花叶病。

（1）喷灌

喷灌也可节约用水（用水量为地面灌溉的 1/4），保护土壤结构，不易引起胡椒瘟病；调节胡椒园小气候，清洁叶面、遇到霜冻时还可减轻冻害；炎夏适时喷灌可降低叶温、气温和土温，防止高温、日灼伤害。喷灌包括高杆喷灌和矮杆喷灌，水压大、植株高度在 2.5 米以下的地方可采用高杆喷灌；水压小、植株高度 2.5 米以上的地方可采用矮杆喷灌或微喷，节约用水量。应用时可根据情况选择土壤质地、湿润程度、风力大小等调节压力、选用喷头、确定喷灌强度，以便达到无渗漏、径流损失，又不破坏土壤结构，同时能均匀湿润土壤的目的（彩图 89）。

（2）滴灌

滴灌是最节约用水的一种抗旱措施，具有一定压力的水从水源严格过滤后流入干管和支管，把水送到园地内胡椒根部，以便胡椒根系分布层的土壤一直保持最适的湿度状态。

二、抗寒管理技术

1. 寒害症状

轻度寒害症状表现为：顶芽干枯，叶片脱落，蔓枝脱节。

重度寒害表现为：枝条脱落，主蔓光秃，甚至整株死亡。

2. 防寒措施

（1）选好避寒地形

绿春县位于哀牢山以东，属平流降温地区，胡椒寒害随海拔升高而加重，坡下受害轻，坡上受害重，背风面受害轻，迎风面受害重。

（2）施钾肥

越冬前施草木灰、火烧土等富含钾的肥料，或施用化学钾肥，如硫酸钾、氯化钾等，幼龄椒每株施氯化钾 1~2 两（1 两 = 50 克），结果椒每株施 3~5 两。

（3）松土

越冬前胡椒园应进行全面松土，松土深度 5~50 厘米，松土时接近椒头浅些，向外松土逐渐加深，同时应进行培土。

（4）地面覆盖

在松土完成后用稻草等覆盖物或塑料薄膜进行地埋覆盖，增加土壤温度。

（5）灌水

低温前灌水，可以减轻辐射降温的危害。

（6）烟熏

当气温下降到 5℃时，可用杂草、谷壳等物制成熏烟堆，熏烟时注意风向及烟量。

（7）盖"蒙古包"及"稻草人"

未封顶的幼龄椒可以盖"蒙古包"进行防寒，即把稻草一端扎起来，罩住植株。

（8）做防寒罩

在霜冻的地区，晚间温度较低，可用塑料薄膜或用塑料薄膜做成塑料袋罩住植株，白天气温升高时再解开。塑料薄膜适用于苗床，塑料袋适用于结果椒。

（9）搭防霜棚

幼龄胡椒园可以搭防霜棚进行防寒，1 株（或几株）胡椒搭一草棚，周围用草遮盖，只留西南 1 个活动门，早、晚温度低时盖住，白天气温升高时揭开。

（10）搭防风屏障

对于平流型寒潮的袭击，可以用搭防风屏障的方法进行防寒，即在胡椒园旁边寒风入侵的主要方向用塑料膜等物搭盖 3~5 米高的防风屏障挡风，可以达到防寒的目的。

3. 寒害后的处理技术

（1）清除园区枯枝落叶

胡椒受寒后，枯枝落叶较多，应在晴天土壤干燥后，及时清理。

（2）修剪受害枝蔓

天气回暖后，应及时剪除已受害枝蔓。

（3）施肥

结果椒应在天气回暖后及时施保果壮果肥，可每株施氯化钾 150 克，复合肥 150~200 克。幼龄椒应在天气回暖后及时施水肥和复合肥每株 50~100 克。

（4）挖除死株并及时补种

寒害致死的植株，应在土壤干燥后及时挖除，并彻底清除地上的根、枝、蔓和叶等杂物，让其暴晒 3 个月，再补种。

（5）病害防治

长期阴雨的地区，应采取相应措施防治胡椒瘟病等病害。

三、台风灾后处理

台风风力大小差异对胡椒造成的损害也各不相同，主要会导致胡椒落叶、落花、落果，枝条损伤；脱顶，脱柱；断柱，倒伏等。

（一）叶、花、果脱落植株的处理

晴天土壤干燥后，全园打扫枯枝落叶、喷施药物进行土壤和植株消毒，适当补施肥料，促进树体恢复（彩图90）。

（二）整株断柱倒地植株的处理

1. 支柱中间断倒

部分主蔓受损，可在受损位置（以主蔓受损程度最低的位置为标准）将主蔓剪掉，挖出断柱，换上新柱，将保留的下段主蔓绑到新柱上，淋25%甲霜灵可湿性粉剂500倍液5千克（彩图91）。

2. 被吹斜植株的处理

及时扶正支柱，将土填实，淋25%的甲霜灵可湿性粉剂500倍液5千克，适当补施肥料，促进树体恢复（彩图92）。

3. 支柱接近地面断倒

支柱接近地面断倒后，若大部分主蔓受损，抢救不成可放弃，并清除，准备补种。

支柱接近地面断倒后，若大部分主蔓完好，先解开绑绳（顶端的绑绳保留），将主蔓剥离原断柱，挖出断柱，换上新柱，再用支架将主蔓扶起，移动靠近新支柱，用尼龙绳将主蔓绑到新支柱上，淋25%的甲霜灵可湿性粉剂500倍液5千克。

4. 脱顶脱柱植株的处理

剪掉受损主蔓或枝条，用尼龙绳重新绑好（彩图93）。

第六章 主要病虫害防治

第一节 病虫害防治原则

应遵循"预防为主、综合防治"的植保方针，从种植园整个生态系统出发，针对胡椒大田生产过程中主要病虫害种类的发生特点及防治要求，综合考虑影响病虫害发生、为害的各种因素，以农业防治为基础，加强区域性植物检疫，协调应用生物防治、物理防治和化学防治等措施对病虫害进行安全、有效的控制。

一、培育无病种苗
应从无病区或病区中的无病胡椒选取优良插条苗，在苗圃培育无病种苗。

二、修建排水系统
建园时修筑灌溉排水系统，保证雨季田间不积水，旱季可灌溉。

三、加强田间管理
加强施肥、覆盖物、除草、引蔓、修剪等田间管理，使植株长势良好，提高抗性，并创造不利于病虫害发生发展的环境。

四、经常检查
加强田间巡查监测，掌握病虫害发生动态，根据病虫害为害程度，及时采取控制措施。

五、搞好田间卫生
及时清除病株或地面的病叶、病蔓、病果荚，集中园外烧毁或深埋。修剪或采摘病叶、病蔓后要在当天喷施农药保护，防止病菌从伤口侵入。

六、合理喷药
严格掌握使用浓度、使用剂量、使用次数、施药方法和安全间隔期。应进行药剂的合理轮换使用。

第二节 胡椒瘟病

胡椒瘟病，也称茎基腐病，是世界各胡椒生产地区最重要的病害。我国海南、广东、广西、云南等胡椒栽种地区都有此病发生，而以海南省和广东省雷州半岛地区最为严重，已成为该地区发展胡椒生产的重要限制因素。海南岛自1954年较大量试种胡椒以来，1956年起已陆续出现过类似胡椒瘟病的叶斑和死株。但当时笼统地归因于水害和栽培不当。此后，1964年、1967年、1970—1972年在海南发生大流行。仅经1970—1972年流行之后，海南的种椒面积减少1/5。该病对海南区的生产造成严重损失。1989年万宁地区的胡椒因胡椒瘟病几乎全部毁灭；2008—2009年，我们在琼山、琼海、万宁等地的多块胡椒园都发现有胡椒瘟病，最严重的发病率达到50%以上。

一、胡椒瘟病症状、发生和流行

（一）症状

病菌可以侵染胡椒的根、茎、枝、叶和花穗及果穗等任何器官，形成斑点或使组织腐烂，导致植株大量落叶和死亡。在病害流行期间，发病胡椒园的最显著的特征是在椒园内可见到叶片大量脱落、凋萎和快速死亡的植株。病害在短期内，可把整个胡椒园的全部植株摧毁（彩图94至彩图100）。

1. 叶片

病菌侵染叶片2~3天后，便出现斑点，最初为灰黑色，斑点扩大后变成黑褐色，病斑一般为圆形，较大，直径3~5厘米。对光检查时，可见病斑边缘呈放射（扩散）状，有水渍状晕圈。感病叶片容易脱落。在潮湿天气，病斑扩展快，在叶背面长出白色霉状物（菌丝体、孢子梗和孢子囊）。雨后转晴时，病斑中央褪为灰褐色，边缘仍保持黑褐色，但放射状不明显，这时，特别是在叶尖的病斑，易被误认为炭疽病。

2. 胡椒头（茎基部）

椒头感病多半发生在离地面上约20厘米范围内的部位。木栓化的主蔓感病，初期外表皮没有明显的症状，刮去外表皮，显出内皮层变黑。作"V"形剖面时，可见木质部呈淡褐色，导管变黑褐色，病健交界不明显。病害后期，外表皮亦变黑，木质部腐烂，并溢出黑水。

（二）病害的发生与流行

1. 病害的发生

病害周年均可发生。一般雨季后，开始出现叶片侵染。在椒园的进口、路边、坡下或水沟边的植株，其贴近地面的外层叶片出现病斑，或出现个别死亡植株。台风雨季节（9—11月），病害开始流行，贴近地面的叶片，嫩蔓和花果穗大量感病，随后胡椒头和根部也表现出受侵染的症状。到11—12月出现感病植株大量死亡。在海南地区一个胡椒园从病害开始出现到整个胡椒园被毁灭，快则半年到一年，慢则数年。

2. 病菌的来源、传播、流行

病菌的主要来源为带菌的土壤、病死植株的病残屑及其他寄主。其传播主要通过水流（灌溉水，大雨期地面径流水）、风雨以及人、畜、工具和种苗等。病害的流行过程可划分为：中心病株（区）、普遍蔓延、严重发病和病情（流行速度）下降4个阶段。

二、农业措施

采用以控制胡椒园水分为主的综合农业措施，尽早发现病害，适时适量地使用农药。预防为主的农业栽培管理措施主要包括以下几点。

1. 种苗选择

选用无病种苗，不引种病区种苗。

2. 椒园位置

不选低洼积水、河边、水库边、沟边容易浸水的地方和排水不良的土壤种椒，椒园尽量不要选在居民点附近。

3. 搞好椒园基本建设，造好防护林

在风大的地区2~3亩1个椒园，一般最好不超过5亩。开好排水沟，等高梯田或起垄种植。胡椒园外要有深0.8~1米、宽1米的拦水沟，园内每隔12~15株胡椒要开一条纵沟，梯田或垄要有小排水沟，做到大雨不积水。

4. 修剪

逐年修剪基部20厘米以下的枝条，使椒头保持通风透光，一般在第二次割蔓时先剪去"送嫁枝"，第三次割蔓时修剪完毕。如剪口较大，可涂上波尔多液保护。定期清洁椒园内和椒头枯枝落叶，这项工作应该在雨季来临前做好。修剪下来的枝蔓不丢在园内，集中到园外低处烧掉。

5. 暴晒杀菌

旱季开始时松土，让阳光暴晒，消灭地表层的病原菌，椒头定期培土，做到椒头不低陷积水，培土用的泥土要预先翻松，充分暴晒，避免土壤带菌传病。

6. 加强施肥管理

不偏施氮肥，及时绑蔓和更换支柱，小心操作，尽量减少椒头受扭伤，及时处理被台风吹倒吹脱的胡椒，填好支柱周围的洞穴。

7. 建立检查制度，专人负责检查工作

主要在大雨后进行，着重检查低洼处、水沟边、人行道、粪池附近的胡椒地上的落叶和堆放落叶的地方。发现病叶，做好标记，立即处理。认真做好病区隔离工作，流行期雨天尽量不进园操作，减少人为传病。做到"勤检查，早发现，早防治"。

8. 预防工作

及早了解气象预报，特别是当年8—10月的雨量，做好预防工作。

三、药物防治

(一) 化学农药防治措施

1. 检查

贯彻勤检查、早发现、早防治的原则。暴雨过后应及时检查有无病叶出现(特别是曾发生过瘟病的椒园),并做好标记。注意检查时:应穿着平跟水靴并遵循 1 人检查 1 个椒园的原则,以防止人为带土传播病菌,发现病叶的植株应用标记物做好标记。

2. 采病叶

病叶少的胡椒,在露水干后采去病叶(病花、果穗),再喷药保护。病叶太多或天气不好,可先喷药一次,再采病叶(特别注意:病叶采摘后集中到园外低处烧毁)。

3. 叶片喷药

病叶采摘后,用 68%精甲霜·锰锌、25%甲霜·霜霉威或 50%烯酰吗啉 500 倍液整株喷药,或在离最高病叶 50 厘米以下的所有叶片喷药。喷药时喷头向上,并由下而上喷以确保叶片正反面都喷湿,以有药液滴下为好。每隔 7~10 天喷 1 次,连喷 2~3 次,直到无新病叶产生为止。

4. 椒头淋药

发病初期在中心病区(即病株的四个方向各 2 株胡椒)的胡椒树冠下淋 68%精甲霜·锰锌或 25%甲霜·霜霉威 250 倍液,每株 5~7.5 千克/次。视病情轻重,淋药 2~3 次。

5. 土壤消毒

淋药后,用 1%硫酸铜或 68%精甲霜·锰锌或 25%甲霜·霜霉威或 50%烯酰吗啉 500 倍液对中心病区的土壤进行消毒。雨天湿度大时亦可用 1:10 粉状硫酸铜和沙土混合,均匀撒在冠幅内及株间土壤上。

6. 处理病死株

方法一:晴天及时挖除病死株,并清除残枝蔓根集中园外低处烧毁。病死株植穴用火烧、用 2%硫酸铜液消毒或暴晒至少半年。阳光暴晒和火烧植穴一般要经半年之后才无病菌存在。

方法二:砍除地上部分并集中园外烧毁,椒头灌入 2%硫酸铜液或 500 倍敌克松液 12.5 千克/株,15 天后再挖除椒头暴晒 1 个月以上。

(二) 化学药剂配制方法

1. 68%精甲霜·锰锌 500 倍液

一袋药(100 克)配两桶水(每桶水 15 千克),每桶药液喷 10~15 株胡椒。

2. 25%甲霜·霜霉威500倍液

一袋药（100克）配两桶水（每桶水15千克），每桶药液喷10~15株胡椒。

3. 50%烯酰吗啉500倍液

一袋药（100克）配两桶水（每桶水15千克），每桶药液喷10~15株胡椒。

4. 68%精甲霜·锰锌250倍液

一袋药（100克）配一桶水（每桶水15千克），每桶药液喷15~20株胡椒。

5. 25%甲霜·霜霉威250倍液

一袋药（100克）配一桶水（每桶水15千克），每桶药液喷15~20株胡椒。

6. 2%硫酸铜液

用1千克硫酸铜加入50千克水，全部溶解后即可使用。

7. 1：2：100波尔多液

用0.5千克硫酸铜、1千克石灰、50千克水配制而成。配制波尔多液的石灰要求质量高，不能用淋过水的石灰。

（三）普遍存在的问题

（1）虽然用农药处理，但如果用量过少或只淋一次或防治范围太小，结果没有彻底消灭病菌，遇到适合的条件（如台风或连续阴雨天），病害又继续扩展蔓延。

（2）发病严重的椒园，由于发病时间较长，病菌入侵胡椒头，处理太迟，虽然用药，效果可能较差。

（3）瘟病和水害同时发生，错把瘟病当水害处理，耽误了防治时间，引起病害到处传播，会影响防效。

（四）经验总结

对胡椒瘟病的防治必须及时、彻底、治早、治少，只有这样才能收到良好的效果。

通过香饮所20多年来的观察调查、试验研究和总结生产经验，证实防治胡椒瘟病贯彻"预防为主，综合防治"的方针，积极采取措施，"勤检查，早发现，早防治"，将病害消灭于发生初期，就能有效地控制瘟病的发生和流行。

1. 采取"早发现、早隔离、早防治"措施

一般及时采摘病叶后，选用25%甲霜·霜霉威或50%烯酰吗啉500倍液（一袋药配三桶水，每桶药液喷10株胡椒），每隔1周喷1次，连喷2~3次，即可控制病情。

2. 不及时采取防治措施损失严重

从最初少数叶片感病到落叶之间的间隔变化时间不定，有的2~3周，有的半年或一年。如果不及时采取防治措施，一旦出现叶片和花序或果穗脱落的症

状，表明侵染已到后期，用农药防治已经没有效果，会导致胡椒园大面积成片死亡。病情一般的胡椒园也会造成 20%~30% 胡椒植株死亡，按现在每千克白胡椒约 40 元计算，每亩损失 2 500 元。病情严重的胡椒园能导致整个胡椒园毁灭。

3. 修好排水沟的得与失

排水良好的胡椒园，胡椒瘟病一般不发生或轻微发生（发病率 5%~10%）；没有搞好排水系统，或排水沟长期失修，或不合理的灌溉（如漫灌）导致胡椒头积水的胡椒园，胡椒瘟病发生率同前者相比，一般会高出 30%~50%。以面积为 1 亩的胡椒园为例，如果不开挖排水沟，每亩地可多种植 10 余株胡椒；但是如果 9—11 月出现连续降雨的天气，没有搞好排水系统的胡椒园，很容易出现胡椒瘟病的暴发，每亩胡椒园一般会损失 30~50 株胡椒，也增加了购买农药的费用。

第三节　胡椒细菌性叶斑病

一、分布及为害

胡椒细菌性叶斑病主要发生于海南省。此病于 1962 年在海南省兴隆地区开始零星发生，70 年代后在海南省东部地区发病严重，造成减产 50% 左右。现已遍及海南主要植椒地区和广东湛江部分地区，以及云南、广西等胡椒种植区。

二、症　状

此病在各龄胡椒中均可发生，但以大、中椒苗发生较多，主要为害叶片、枝蔓、花序和果穗。目前尚未发现根部受害。感病叶片初期呈多角形水渍状，数天后变成紫褐色圆形或多角形病斑，随后变为黑褐色，边缘有一黄色晕圈。病健交接处有一条紫褐色分界线。在潮湿条件下，叶片病斑背面出现细菌溢脓，干燥后形成一层明胶状薄膜。病菌从节间或伤口侵入，使枝蔓呈现不规则形的紫褐色病斑，剥开茎部组织，可见导管已变色。果穗感病后，病斑初为圆形，紫褐色，后期整个果粒变黑。感病枝蔓及果穗均容易脱落（彩图 101）。

三、病原菌

学名为 *Xanthomonas campestris* pv. *betlicola*（Patel. etal.）Dye 属于假单胞杆菌科。菌体为短杆状，末端圆形，大小为（0.4~0.7）微米×（1.0~2.4）微米，单个或成双排列，也有 3~5 个的短链。革兰氏染色阴性反应。无芽孢，鞭毛单根极生。

四、病害的发生与流行

此病的发生和流行与气候、环境条件及栽培管理情况有密切关系。雨季，特别是台风雨后往往引起病害流行，防护林差或没有防护林的胡椒园比防护林营造得好的胡椒园发病较重。一般抚育管理好，合理施肥，及时防病，植株生势旺盛，抗病能力较强，病害就轻，相反，管理粗放，施肥不合理，发病后又不及时处理的，病害往往严重。

五、防　治

1. 检疫

进行产地检疫，禁止从病区输出有病种苗。

2. 农业措施

选用和培育无病健壮的种苗，禁止使用带病的种苗。选择排水良好的土壤栽种胡椒，营造防护林，胡椒园面积以 0.2~0.3 公顷为宜。

做好椒园抚育管理。定期消除枯枝落叶及椒园杂草，降低园中湿度。适当施用磷钾肥，增施有机肥，改良土壤，提高肥力，增强植株抗病能力。雨季来临前清理病叶并集中园外烧毁。雨天或露水未干时，不进入病区作业。

定期巡查，建立检查制度，做到"勤检查，早发现，早防治"。重点在雨季及时做好检查工作，主要检查植株下层叶片。若发现中心病株或小病区及时摘除干净病株上的病叶，剪除病枝蔓，拔除病株冠幅下的自生苗，一同带出园外烧毁。当天喷洒 1% 波尔多液，保护伤口和健康枝叶，地面也要喷药消毒。处理后加强水肥管理，台风前后勤检查，及时处理，以杜绝病害扩散。

3. 化学防治

发病严重的胡椒园，病叶采摘后，选用 1% 波尔多液或 77% 可杀得可湿性粉剂 500 倍液或 72% 农用硫酸链霉素可溶性粉剂 2 000 倍液喷药。每隔 7~10 天喷 1 次，连喷 2~3 次，直到无新病叶产生为止。

第四节　胡椒花叶病

一、分布及为害

本病广泛分布在国内外所有胡椒种植区。胡椒感病后，生长显著受到抑制，产量降低 27%~43%。植株生长比正常健株矮 1/3 以上。

该病在中国最早于 1975 年在海南兴隆华侨农场发现。后来随着引种和栽培范围的逐渐扩大，发病也就越来越普遍，现已遍布广东、广西、云南、福建等胡椒种植区。胡椒花叶病的发生范围广泛，除中国外，亚洲的菲律宾、斯里兰卡、马来西亚、印度尼西亚、越南和印度，南美的巴西等国家均发现此病为害。

二、症　状

胡椒植株感病症状因严重程度、品种、茎蔓年龄、病毒性质、气候条件及相关病毒载体不同而表现不一，加上生长季节、生长阶段或其他因素不同造成的影响，有时难以通过肉眼鉴别是否感病。轻微感病的胡椒植株只在叶片上出现花叶症状，而植株生长发育正常，产量也表现正常，甚至有时部分感染的茎蔓表现出一部分枝叶正常，一部分枝叶表现感病症状。随着病情的发展，感病植株通常表现为叶色斑驳，形似马赛克，叶片变小、皱缩、卷曲、畸形，残存的叶片边缘坏死，叶组织硬而易碎。严重感病的胡椒叶片成熟前通常脱落，植株生长受到显著抑制，茎蔓发育迟缓，植株矮缩（彩图102至彩图103）。

三、病　原

病原为黄瓜花叶病毒 Cucumber Mosaic Virus（简称 CMV）。黄瓜花叶病毒的粒子呈球形，直径为 27~30 纳米。

四、病害的发生与流行

黄瓜花叶病毒的寄主范围很广，有很多毒系（株系）。一般在管理不好，胡椒生长不良，肥害、水害、虫害、高温干旱季节割蔓等情况下，植株容易出现花叶病。

五、防　治

选用健康无病的种苗，不在病株上切蔓作繁殖种苗，加强新区的检疫工作。

加强栽培管理，增强抗病能力；合理施肥，特别是割蔓后要施足水肥，促进新蔓生长，通过优化肥水管理等改进栽培管理技术，可改善胡椒生长状态，同时创造不利于 CMV 侵染繁殖的条件，抑制病害的发生。雨季前做好排水工作，及时防治虫害，治虫防病是胡椒花叶病的重要防治措施和应急措施。选用化学杀虫剂杀灭刺吸式口器的介体昆虫，减少昆虫传病。

幼龄期定期检查，发现病株及时清除烧毁，然后补植健壮苗。

第五节　胡椒根结线虫

胡椒根结线虫病是植物寄主性线虫侵入胡椒根部组织而引起的。被害植株地上部呈现生长停滞，叶片无光泽，黄萎，严重影响胡椒的生长和产量，幼龄胡椒受害尤为严重。根结线虫的寄主很多，分布广泛。我国各胡椒栽种地区都有此病发生。

一、胡椒根结线虫病症状、发生和流行

（一）症状

胡椒的大根和小根都能被根结线虫寄生。根结线虫侵入根部，多开始于根端，被害组织因受它的分泌物刺激，细胞异常增殖而膨大，使受害部呈现不规则、大小不一的根瘤，多数呈球形，宛似豆科作物的根瘤。由于同时或者由于先

后侵入因而使根瘤形状多种多样，有的呈人参状或甘薯状。又因幼根生长点未遭损害而继续生长，根端继续遭受侵害而发生根瘤，使被害的根形成念珠状（彩图104至彩图105）。

根瘤初形成时呈浅白色，后来变为淡褐色或深褐色，最后呈黑褐色时根瘤开始腐烂。旱季根瘤干枯开裂，雨季根瘤腐烂，影响吸收根的生长及植株对养分的吸收。植株受害后，生长停滞，节间变短，叶色淡黄，落花落果，甚至整株死亡。

（二）病害的发生与流行

根结线虫的寄主很多，分布广泛。热带作物中除为害胡椒之外，咖啡、可可、香茅、香根、番木瓜、香蕉、菠萝、印度罗芙木、甘蔗、烟草、生姜和秋葵等都同样遭受其为害。

胡椒根结线虫为害植物的种虽然很多，但为害方式是一致的。同时，感染"根结线虫"是由于直接将寄主种植于染有根结线虫的土壤而来。在海南岛的情况下，胡椒根结线虫世代重叠，土壤中的第一期幼虫终年都可发现，因此，寄主的被侵染也是终年不断的。第一期幼虫大多集中在寄主根系范围内及根围土壤中。在旱季，寄主地上部症状表现得更为明显、严重。

根瘤在植株根上的垂直分布，可由地表直至725毫米深，平均在443毫米范围内与寄主根的垂直分布有密切关系。

管理良好，根系发达，生势旺盛，能对线虫增强抵抗力，根部虽然受害，但地上部可不表现病态或症状减轻。

二、农业措施

（一）注意选地

选用无病种苗，避免选用前作（寄主）严重感病的地段培育胡椒苗或种植胡椒。

（二）深翻土壤

开垦胡椒园，在干旱季节将土壤深翻40厘米左右，反复翻晒2~3次。近水源的地方，可引水浸田两个月以上，排干水后再整地种植胡椒。

（三）加强抚育管理

进行厚覆盖，用禾本科植物作死覆盖或种植非寄主植物活覆盖。多施腐熟有机肥。深层施有机肥，把胡椒根系引入40厘米以下的土层里。如果在苗期和幼龄期能得到良好的抚育管理，根系发达，生势旺盛，则会增强对线虫的抵抗力，地上部不致有病态。只要度过幼龄期，而成龄植株虽有线虫为害，但还能较正常地生长发育和生产。另外，须适当施用磷、钾肥。

三、化学防治

施 10%噻唑膦颗粒剂 10~15 克/株或 0.5%阿维菌素颗粒剂 20~35 克/株，每隔 60 天施药 1 次，连施 2 次。施药方法：沿胡椒植株冠幅下缘开挖环形施药沟，沟宽 15~20 厘米、深 15 厘米，药剂均匀撒施于沟内，施药后及时回土；或沿根盘四周松土 5~10 厘米深施药。

第六节　其他病害防治技术

一、胡椒炭疽病

（一）症状

病斑多发生在叶片的叶尖及叶缘，病斑较大，呈褐色或灰白色，有淡黄色晕圈，病斑上有小黑点（即分生孢子堆），排列成同心轮纹（彩图 106 至彩图 107）。

（二）防治

以农业措施为主。一般多发生在管理差、肥料不足和植株生长势衰弱的胡椒园。因此应加强抗育管理，增施肥料，增加胡椒植株的抗病能力。

病害严重时，可用 1%波尔多液或 0.5%百菌清多菌灵混合水剂或 0.2%敌菌丹喷施。

二、胡椒根腐病

（一）症状

感病植株地上部呈现生长停滞，叶片失色、黄萎、脱落，严重时植株死亡。感病植株的根部（地下蔓和根）的表面有菌索、菌膜。根据受害根部的菌索、菌膜的颜色和形态特征可区分为红根腐病、褐根腐病和紫根腐病。

红根腐病：受侵染的根部，表面粘着一层泥沙，用水洗湿根部和洗去泥沙后，可见红色或枣红色菌膜。

褐根腐病：病根表面粘着泥沙，凹凸不平，不易洗脱，有铁锈绒状菌丝体和黑褐色薄而脆的菌膜，剖去皮层，木质部有蜂窝状褐纹。

紫根腐病：主蔓基部，常见有紫色松软如海绵状的菌膜（子实体）紧贴着。病根表皮不粘泥沙，有密集的深紫色菌索覆盖。

（二）防治

开垦胡椒地时，要彻底清除感病树头和树根；不宜采用易感病树种（如木麻黄、台湾相思、山竹子、凤凰木等）作胡椒支柱或胡椒园的防护林树种。如用木支柱，应剥去树皮，埋入土内部分要用火烧，进行炭化或用煤焦油涂刷。病区应尽量采用石柱或钢筋水泥柱。已用过的旧支柱，要经过处理后才能再使用；做好病株处理，小心把病株椒头周围的土壤挖开，用小刀刮去病部、暴晒 2~3 天或涂杀菌剂，然后填回新表土。根部处理后，重病的植株可适当修剪地上部。

三、胡椒枯萎病

（一）症状

染病植株的一般表现是叶片褪绿、变黄、生势不旺、叶、花及果穗变小、植株矮缩。病株的地上部分，开始是部分叶片失去光泽，逐渐变黄，随后出现大多数叶片变黄；部分黄叶萎蔫、下垂、脱落，最终整株萎蔫、死亡。病株的地下部分，先是靠近地表的茎基部略微变色，维管束开始变褐色；进而是侧根变黑、坏死；染病植株从部分叶子变黄、萎蔫到整株死亡常持续半年到几年时间。有的枯萎病植株表现地上部一半枯死，而另一半仍存活。天气潮湿时，靠近地面的主蔓表面长出粉红色霉状物。严重病株茎基部和主根腐烂、死亡（彩图 108）。

（二）病原菌

半知菌类尖孢镰刀菌 *Fusarium oxysporum* f. pipers。

（三）侵染循环

气候及土壤因素均会影响病害发生。高温、干旱的气候有利于本病的侵染和扩展。土壤 pH 值在 6 以下、沙土或沙壤土、肥力低、排水不良、土壤结构疏松、下层土渗透性差以及线虫发生数量较多的田块，均有利于本病的发生。

（四）发病规律

病菌从根部和埋入土中的主蔓部侵入，属维管束系统病害。土壤黏重、酸性较大、排水渗透性差、湿度大、低洼积水、施用城镇垃圾肥、伤根多的椒园易发病。土质好、肥力高、保水渗透性好，生长健壮的胡椒树发病少。大风、大雨或人畜活动频繁的地方病害扩展蔓延快；降水量大、雨天集中、阴雨持续时间长发病严重。

（五）防治方法

1. 农业防治

注意选择植地，做好胡椒园排灌系统，既防土壤渍水，也防土壤干旱。

选用无病健苗种植。

合理施肥、施足基肥，增施有机肥，不偏施化肥。栽种时的底肥、特别是火烧土不要与根系接触；追肥时要用腐烂的有机肥以免发生肥害。

2. 化学防治

发现病株及早挖除，并将枯枝落叶、落果等集中园外烧毁，然后用 2% 福尔马林 15 千克或 46%尿素 3 千克或 60%氯化钾 2.5 千克或石灰 6 千克或硫酸铜粉 1 千克，分 3 层由下而上，逐层均匀地喷洒或撒施到面积 100 厘米、深 40 厘米的病土中杀菌，若逐层翻拌效果更好。对枯萎病初发病株喷施或淋灌 40%多菌灵与 50%福美双 1∶1∶500 倍液。

在病健株间，挖一条宽 30 厘米、深 40 厘米左右的防病隔离沟，用 75%百菌清 400 倍液或草木灰喷撒沟内，靠近病株的健株及其周围的地面，用 75%百菌清与 25%多菌灵按 1∶1∶500 倍液或 40%灭病威 500 倍液喷雾至健株布满液雾及地表湿透，每半个月 1 次，连续 2~3 次。

线虫数量多的胡椒园应施用杀线虫剂，减少线虫伤根、降低枯萎病发生率。

第七节　主要虫害防治技术

一、粉蚧类

（一）橘腺刺粉蚧及臀纹粉蚧

为害胡椒的嫩梢及果穗的粉蚧有橘腺刺粉蚧和臀纹粉蚧两种。在旱季发生较多，雨季虫口密度显著下降。开始发生时有中心虫株，以后渐向四周扩散，不适当的喷杀菌剂（如波尔多液）可引起它们发生。防治方法：在椒园清除野生寄主刺桐，不宜用其作支柱；喷施 240 克/升螺虫乙酯 2 000 倍液。

（二）根粉蚧

胡椒粉蚧是为害胡椒根部的重要害虫，以若虫及雌成虫生活于胡椒根部，胡椒受害后轻则长势衰退，造成减产，重则烂根至整株枯死。此虫以若虫在寄主根部湿润的土壤中越冬，一般喜在茸草及灌木丛生、土壤肥沃疏松、富有机质和稍湿润的林地发生。植株受害后，可用 40%辛硫磷 500 倍液灌根，每株药液用量 500 毫升。

二、茶角盲蝽

茶角盲蝽是热带地区的一种重要害虫，在国内除为害胡椒外，还为害其他多种作物如腰果、咖啡、茶树、香草兰、番石榴、红毛榴梿、洋蒲桃及杧果等。该虫以成、若虫以刺吸式口器刺食组织汁液，为害嫩梢、花枝。嫩梢、花枝被害后呈现多角形或梭形水渍状斑，斑点坏死、枝条干枯；被害斑经过 1 天后即变成黑色，随后呈干枯状；最后被害斑连在一起使整枝嫩梢、整张叶片干枯。

在茶角盲蝽发生盛期，用 2.5%高渗吡虫啉乳油 2 000 倍液，或 240 克/升螺虫乙酯 3 000 倍液进行喷雾防治，每隔 7~10 天喷施 1 次，连续喷 2~3 次。

三、橘二叉蚜

（一）症状

橘二叉蚜以蚜群聚集为害胡椒嫩梢嫩叶及果，在海南、广东、广西、云南等热带地区均有发生。国外斯里兰卡、印度、日本等国家和地区有分布。在海南一年发生 20 余代，以无翅胎生若蚜越冬，部分年份甚至无明显越冬现象。一般在春季 10~15 天完成一代，夏季 6~8 天即可完成一代，世代重叠明显，具有明显的世代交替现象。

橘二叉蚜主要以蚜群聚集芽叶背面刺吸汁液。受害嫩叶叶色褪绿泛黄，失去光泽，进而向下弯曲，生长缓慢。虫体排泄蜜露，可导致煤污病发生，危害加重，影响树体长势及产量。橘二叉蚜具有明显的趋嫩和群集危害的习性，同时，有翅成蚜还具有明显的趋黄色特性。

（二）防治措施

1. 物理防治

利用有翅蚜对黄色和橙色有较强的趋性进行黄板诱蚜。取一块 30 厘米×50 厘米硬纸板或纤维板，先涂一层黄色广告色（又名水粉），晾干后，再涂一层黏药。

2. 生物防治

橘二叉蚜的重要天敌有普通草蛉、六斑月瓢虫、横斑瓢虫、七星瓢虫、大绿食蚜蝇等，可保护这些天敌利用于防治。

3. 药剂防治

洗衣粉对蚜虫有较强的触杀作用，可用洗衣粉 400~500 倍液喷雾防治，连喷 2 次，间隔时间 6~7 天，可收到较好的防治效果。在为害期间用 1% 苦参碱 800~1 000 倍液、10% 吡虫啉 3 000 倍液、50% 抗蚜威可湿性粉剂 2 000 倍液、3% 啶虫脒乳油 2 000~2 500 倍液喷雾。

第七章 胡椒产品初加工

第一节 采 收

胡椒植后 2~3 年形成树型，可让其开花结果，即 3~4 年便有收获。一般一年只收获 1 次，但没有控制花期的植株，全年都可开花结果，全年都有少量成熟和收获。目前栽培的大叶种，在云南绿春县主花期控制在夏季，胡椒果实的收获期是 3—5 月。

一、采收成熟度

胡椒果实在果穗上成熟时期不一致，必须按适宜的成熟度分期分批采收。胡椒果穗适宜采收的成熟度为小熟期，即每穗果实中有 2~4 粒果变红时，即整穗采收（彩图 109）。等每穗果实全部成熟（变红）后才采收，则容易造成落果，若果穗中大部分果粒变黄但尚未出现变红的果粒时就采或者果实青绿时就采，就会造成减产（彩图 110）。

二、采收期

整个胡椒果穗的采收期长达 1~2 个月，甚至更长。一般整个采收期果穗采收 5~6 次，每隔 7~10 天采 1 次。最后一批胡椒果穗必须在主花期前 40 天左右采收完，在海南一般在每年 7 月 20 日前采完，在云南一般在 4 月 20 日前采完，最后一次采收必须将植株上所有果穗摘下来，便于结果植株树体营养的恢复，以免影响植株长势及下季开花结果。胡椒挂果时间长达 9 个月左右，特别是产量高的植株，营养消耗很多，如果挂果时间过长，植株重新积累养分的时间相应缩短，收获后植株长势差，恢复迟缓，影响下次开花结果，造成减产，大小年结果明显。为了保证次年产量，最后一批果穗要适当提早采收，保证植株有 40 天以上的恢复期，才能使来年正常抽穗开花结果。特别是长势差的更要适当提早些，让其有充分的时间恢复生长。但长势良好的植株最后一批果实采收可以推迟 10 天左右，以免植株长势恢复过快，导致主花期提早后而处于高温或干旱季节，从而使植株抽生的花穗短、稔实率低，产量不高，所以要根据长势适时采收，才能使翌年有较高的产量。

三、采收前的准备

采果前应做好采收工具、加工设备及加工场所的准备，组织好劳力，打扫胡椒园卫生，清除树冠下枯枝落叶。

四、采收标准及方法

胡椒果穗上的果实有 2~4 粒变红时，可整穗采收，到收获后期，果穗上大部分果实变黄亦可采收，雨天或露水未干时不要采收，避免传播病害，特别是发生细菌性叶斑病的胡椒园，更应注意。

目前一般手工采收，每个劳力平均每天可摘鲜果 40 千克，最高达 75 千克。准备干净的篮子或编织袋装，采果时先采收中下层果穗，然后用三角梯采收植株上部的果穗。操作时不要损伤枝条，以免影响翌年产量。采收时要逐园逐株进行，避免漏收，造成果穗过熟落果。

胡椒果穗采收后可根据加工方法的不同而直接加工成黑胡椒、白胡椒及青胡椒三种主要产地加工产品（彩图 111）。

第二节　黑胡椒加工技术

一、产品介绍

黑胡椒是指有外果皮的胡椒干果，一般是将胡椒果穗脱粒后直接晒干或烘干而成，为棕褐色或黑色，表面有皱纹。100 千克胡椒鲜果可加工成 32~36 千克的商品黑胡椒（彩图 112 至彩图 113）。

二、工艺流程

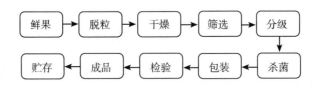

三、技术要点

（一）脱粒

分为人工脱粒和机械脱粒两种。将胡椒鲜果穗采用人工或者脱粒机进行脱粒，除去果梗，再用人工或者分级机按其颗粒大小进行分级。

（二）干燥

1. 日晒干燥法

经脱粒分级的胡椒鲜果摊放在平整、硬实、清洁卫生的晒场上，或清洁卫生、无毒、无异味器具上，晒 4~6 天，至含水量小于 13% 即可。用此方法加工黑胡椒成本低、简单易行，一般农户较易接受，但加工过程耗时长，且受天气影响较大，如遇阴雨天气时，则易受潮，拖延晒干时间，致使黑胡椒更易受微生物感染，颜色暗淡，影响产品质量。为解决这个问题，目前在绿春县骑马坝乡等地，农户多采取在房顶盖玻璃钢瓦房的方式，既可以给房子起到隔热防漏的目的，又可以用房子来晾晒胡椒，达到黑胡椒加工过程清洁、高效、安全的目的。

2. 人工加热干燥法

脱粒分级后的胡椒鲜果放入电热烘箱或人工加热的干燥房中烘干，温度控制在 50~60℃，干燥 24 小时左右，至含水量小于 13% 即可。此加工方法时间短、效率高、加工过程中不易感染微生物，加工出来的黑胡椒质量较好，但成本较高，一般农户不易接受。

黑胡椒的干燥度也可用经验判断，方法是：将黑胡椒粒放入口中，用板牙轻轻咬压椒粒，如咬声清脆，胡椒粒裂成 4~5 块，表明胡椒粒干燥适度。

（三）筛选

经充分干燥的黑胡椒用筛子、风选机等设备，除去缺陷果及枝叶、果穗渣等杂质。

（四）分级

将筛选的黑胡椒按颗粒大小、色泽、气味及味道等的不同，按要求用人工或分级机进行分级处理。

（五）杀菌

经过分级的黑胡椒采用微波、辐照或远红外线等方式进行杀菌。

（六）包装

经杀菌处理的黑胡椒应按不同等级，及时装入相应的包装袋中，包装材料应无毒、清洁，符合食品包装要求；包装场所要求有相应的消毒、更衣、盥洗、采光、照明、通风、防尘、防蝇、防鼠、防虫、洗涤以及处理废水、存放垃圾和废弃物的设备或者设施。

（七）检验

包装好的黑胡椒应根据相关操作规程的规定进行抽样检验，合格方可入库。

（八）贮存

黑胡椒贮藏过程中要注意防潮，应贮存在通风性能良好、干燥、具防虫和防鼠设施的库房中，地面要有垫仓板，堆放要整齐，堆间要有适当的通道以利通风。严禁与有毒、有害、有污染和有异味物品混放。

传统黑胡椒产品主要采用日晒法干燥，一般需要经过5~7天才能彻底干燥，干燥时间长，且易受微生物污染，干燥不彻底则易长霉，杂质多，外观差，产品难以达到国家卫生标准要求，同时，传统日晒法制备的黑胡椒在品质、风味方面也存在着一定不足，严重影响了我国胡椒的出口。

第三节 白胡椒加工技术

一、产品介绍

白胡椒是指去掉外果皮的胡椒干果，即将成熟胡椒鲜果除去果皮果肉后干燥而成，颜色随品种和加工方法的不同而从暗灰到全象牙白色，果粒一端表面圆滑完整，另一端（果蒂）则有小小隆起，果粒表面通常还有一条细小的黑痕垂直镶连在两端。100千克胡椒鲜果（秋果）可加工成25~30千克白胡椒，1千克白胡椒有19 000~24 000粒（彩图114）。

二、工艺流程

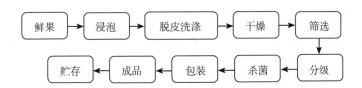

鲜果 → 浸泡 → 脱皮洗涤 → 干燥 → 筛选 → 分级 → 杀菌 → 包装 → 成品 → 贮存

三、技术要点

（一）浸泡

1. 流动水浸泡

采摘的胡椒鲜果穗放入有流动水的胡椒浸泡池中，或者将胡椒鲜果穗装入胶丝袋或透水性良好的麻袋，置于有流动水的河、沟中，连续浸泡7~15天，至果皮、果肉完全腐化（彩图115）。

2. 静水浸泡

在没有流动水的情况下，也可用静水浸泡。即将采摘的胡椒鲜果穗直接放入胡椒浸泡池或容器中，加入洁净水（指自来水或未被污染的地表水）至浸过胡椒鲜果。采用静水浸泡须每天换水至少1次，且换水前应把池中原有的水彻底排净，并及时灌入洁净水，连续浸泡7~15天，直到外果皮、果肉完全腐化。

（二）脱皮洗涤

胡椒浸泡果采用人工或机械搓揉的方法去皮，然后用洁净水反复冲洗，除去果皮、果梗等杂质，直至洗净为止。人工方法简单易行，但该方法加工耗时多，劳动强度大，工效低，脱皮不干净、洗涤不彻底，加工质量不稳定。机械方法加工速度快、周期短、生产效率高。但机械脱皮过程中易导致胡椒鲜果破碎，从而产生一定的破碎率，同时机械洗涤时也可能会因水流紊乱等原因冲走部分果实，而造成一定的损失。

（三）干燥

将洗净的胡椒湿果摊开在平整、硬实、清洁卫生的晒场上，或清洁卫生、无毒、无异味器具上晒 2~3 天，或置于（43±5）℃的烘房（箱）中烘 24 小时左右，至胡椒粒干燥适度，即含水量小于 14%。

白胡椒的干燥度一般可用牙咬来判断：将白胡椒粒放入口中，用板牙轻轻咬压椒粒，如咬声清脆，胡椒粒裂成 4~5 块，表明胡椒粒干燥适度。

（四）筛选

经充分干燥的白胡椒用筛子、风选机等设备，除去缺陷果、黑果及果穗渣等杂质。

（五）分级

将筛选的白胡椒按颗粒大小、色泽、气味及味道等的不同，按要求用人工或分级机进行分级处理。

（六）杀菌

经过分级的白胡椒可采用微波、辐照或远红外线等方式进行杀菌。

（七）包装

经杀菌处理的白胡椒应按不同等级，及时装入相应的包装袋中，包装材料应无毒、清洁，符合食品包装要求；包装场所要求有相应的消毒、更衣、盥洗、采光、照明、通风、防尘、防蝇、防鼠、防虫、洗涤以及处理废水、存放垃圾和废弃物的设备或者设施。

（八）检验

包装好的白胡椒应根据相关操作规程的规定进行抽样检验，合格方可入库。

（九）贮存

白胡椒贮藏过程中要注意防潮，应贮存在通风性能良好、干燥、具防虫和防鼠设施的库房中，地面要有垫仓板，堆放要整齐，堆间要有适当的通道以利通风。严禁与有毒、有害、有污染和有异味物品混放。

第四节　青胡椒加工技术

一、产品介绍

青胡椒系列产品是 20 世纪中后期开发出的新型的胡椒产品,主要产品有脱水青胡椒、冻干青胡椒及盐水青胡椒。

二、工艺流程

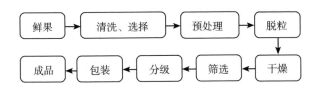

三、技术要点

(一) 脱水青胡椒

加工脱水青胡椒的胡椒果应在成熟前 10~30 天采收。采收后的胡椒鲜果要及时清洗并除去劣质果,然后用热水烫 20~25 分钟,再放在 40~75℃的热空气中迅速干燥,至水分含量小于 12% 即可。干燥后的产品要进行筛选、分级,然后包装(彩图 116)。

(二) 冻干青胡椒

加工冻干青胡椒的胡椒果应在成熟前 5~15 天采收,采后及时进行清洗,用热水进行预处理,迅速冷却,沥干水分,再用低温冻干至水分含量小于 8% 即可。已干燥的产品要进行筛选、分级,然后包装(图 117)。

(三) 盐水青胡椒

盐水青胡椒的加工方法是将生长期仅 4~5 个月的青胡椒果采下,脱粒后立即放在氯化水中浸半小时,然后用自来水将其洗净。一般用乙酸及柠檬酸作为青胡椒的保存液,罐装或瓶装时加一定浓度的盐水,即成为盐水青胡椒。

第五节　胡椒粉加工技术

一、产品介绍

胡椒粉主要是指经过充分干燥的胡椒粒,通过粉碎机研磨而得的制成品(彩

图 118 至彩图 119）。

二、黑胡椒粉的加工方法

把黑胡椒放入粉碎机中粉碎，再放入筛网中过筛后，即成商品黑胡椒粉。

三、白胡椒粉的加工方法

把白胡椒放入粉碎机中粉碎，再放入筛网中过筛后，即成商品白胡椒粉。

四、青胡椒粉的加工方法

将青胡椒干果放入粉碎机粉碎，再放入筛网中过筛后，即为纯胡椒粉。

五、配制胡椒粉

将胡椒干果与一定比例可食辅料（如炒干米粉、其他香料）混合后，放入粉碎机粉碎，再放入筛网中过筛后所得的胡椒制成品，即为配制胡椒粉。

第三篇　胡椒高效生产

如前所述，我国胡椒产业进入 21 世纪，逐步实施优势区域种植以来，我国胡椒产业与其他农业产业一样也存在着一系列的诸如成本地板、价格天花板等造成产业效益低等问题，为了解决我国胡椒产业效益低的问题，本书根据目前我国胡椒科研事业单位近年研发的成果，在胡椒标准化生产技术的基础上，集成收集了胡椒的部分高效生产技术，供广大胡椒生产者参考。

第八章　胡椒抗病种间嫁接苗

目前国内外胡椒生产上均采用扦插繁殖的方式进行胡椒种苗的繁育，但由于目前国内外主栽品种大多抗性差，特别是目前国内胡椒主栽品种均为引自国外的印尼大叶种而选育的热引 1 号胡椒，虽然其产量水平与国外主栽品种相当，但其总体抗逆能力不高，特别是其抗胡椒瘟病、抗旱、抗涝等能力差，导致部分地区胡椒种植业在受极端条件影响下出现萎缩现象。

近年来随着我国胡椒科研能力的不断提升，胡椒种质资源收集保存、鉴定评价及创新利用的能力也在不断提高，香饮所胡椒科研团队的郝朝运等人，研发了一种基于国内外野生胡椒种质资源收集保存、鉴定评价基础上，筛选适应性广泛的抗病野生种质资源作砧木，现有高产主栽品种作接穗的种间嫁接的高产抗病种苗繁育技术。

以热引 1 号胡椒为接穗，以高抗病野生近缘种黄花胡椒为砧木，突破提升种间嫁接成活率技术，繁育抗病种间嫁接苗，总结形成胡椒抗病嫁接苗培育和配套种植管理技术，提高胡椒栽培品种抗病能力，嫁接成活率达到 80% 以上。嫁接胡椒农药使用量和劳动力投入大幅减少（彩图 120 至彩图 122）。

第九章　胡椒现代化施肥技术

胡椒与其他经济作物不同，对肥料高度敏感，经济寿命可高达 20 年以上，是一个长期高效益经济作物。在苗期，需要大量肥料补充促进其生长以培养丰产树型，包括每月约 2 次的水肥以及每年 1 次深施有机肥；在结果期，由于胡椒有长年开花的习性，需要通过 4 次的肥料集中施用以调节其花果期，以保证胡椒植株的高产稳产。因而胡椒种植业肥料施用，是胡椒产业劳动强度大、劳动力成本的最重要支出。为了解决目前农业行业中的劳动力数量少、素质低、成本高等问题，以香饮所为主的广大科技人员研发了减轻劳动强度、减少劳动力成本的现代化胡椒肥料施用技术。

第一节　胡椒水肥一体化施肥技术

胡椒具有较高的产量潜力，在管理情况较好的条件下，能够获得高产。香饮所为我国最早研究胡椒的专业科研机构，其高产纪录为每亩白胡椒产量 467~666.7 千克（按每亩 133 株计算，单株 3.5~5 千克/株），而目前海南省平均产量仅为 100 千克/亩（单株 0.75 千克/株），海南胡椒仍有较大增产潜力。但随着近年来劳动力成本不断上升，原本要求管理精细的胡椒园，其管理水平日趋粗放，导致总体产量水平难以提升。

施肥是胡椒高产管理措施中的关键环节，生产上一般要求花期集中，并根据胡椒开花、结果等物候期年施肥 4~5 次，依次为 8 月的攻花肥、9 月底的辅助攻花肥、11 月的养果保果肥和翌年 3—4 月的养果养树肥。但调查发现，目前海南60% 以上胡椒园一年只施 1~2 次肥料，而且施用过程存在较大问题，如施肥过程中不重视有机肥，以化学肥料施用为主，且化学肥料施用时为图省事，直接撒施在地表，造成肥效难以发挥，胡椒因吸收不到养分而减产；施用有机肥的农户，习惯将未经沤制的畜禽粪尿等有机肥直接埋施在地里，长此以往土壤有害病菌不断累积，造成胡椒植株加速老化和病害暴发，为胡椒高产稳产埋下隐患。

水肥一体化技术是现代种植业生产的一项综合水肥管理措施，具有节水、节肥、省工、高产、高效、环保等优点，目前已在世界范围广泛使用。我国北方果园和设施农业中已大量使用，而南方热区一些果园，如柑橘、香蕉、荔枝、杧果等也在逐步采用该技术。由于胡椒比较效益逐步下降，为了节省生产成本，开展节本增效相关实用技术研究与推广已迫在眉睫。因此，我们总结了长期以来的胡椒高产施肥经验，根据胡椒不同时期养分需求，研究提出了胡椒水肥一体化施肥技术方案，希望以此提高海南省胡椒种植水平，在减少人力物力投入条件下，提高胡椒产量，实现农民增收、农业增效的目标。

一、水肥一体化简介

（一）定义及主要形式

狭义上讲，水肥一体化就是把肥料溶解在灌溉水中，由灌溉管道输送至田间每一株植物，以满足作物生长发育需要，如通过喷灌或者滴灌管道施肥（彩图123）。

广义上来说，水肥一体化是水肥同时供应满足作物生长发育所需，根系在吸收水分的同时吸收养分，如淋施水肥和拖管直接施肥等（彩图124）。

（二）理论基础

1. 水肥共同作用

肥料溶解进入土壤后，养分在土壤中的运动以及养分被作物吸收利用，均离不开水做媒介，不溶解的肥料是不能被植物吸收的，是无效的。水肥一体化将肥料溶解于水中，灌溉和施肥同时进行，这样就保证施入的肥料被充分吸收，肥料利用效率大幅提高（彩图125）。

2. 直接供应根系

根系是作物吸收水分和养分的主要器官。根据作物根系在土壤中的分布情况，直接供应水肥给根系，可以保证水肥的高效利用。

研究表明，胡椒根系主要分布在冠幅及冠幅以外 10~20 厘米、深度为 0~40 厘米的土层中（彩图126）。因此，在设计水肥一体化设施时，供给胡椒水肥的滴头一般选择在距冠幅外 10~20 厘米的位置，如彩图127所示。

3. 按需供应，少量多次

不同作物对养分的吸收量和比例是不同的，如结果作物需要吸收更多钾，蔬菜需要更多的钙和钾，甜菜、棉花、马铃薯需要较多的钠。而且，同一作物不同时期对养分的需求也是不一样的，以结果果树为例，在抽梢期，植物主要是叶片、枝条等营养生长为主，此时主要需要氮；在幼果期，植物从营养生长向生殖生长转变，需要氮、磷、钾等多种元素；在果实发育后期，以生殖生长为主，需要更多的钾，以保证果实品质。

水肥一体化施肥方案制订时，除摸清基础地力状况外，还必须充分了解作物对养分的吸收规律，以及影响养分吸收的环境条件等。在此基础上根据不同时期作物对养分的需求，按需供应，保证对作物养分的周年稳定供应，从而保证高产稳产。

（三）主要优点

1. 劳动强度降低，人工成本下降

在经济作物生产中，水肥管理需要耗费大量的人工。每次施肥要挖穴或开浅沟，施肥后要灌水，需要耗费大量劳动力。而在水肥一体化技术下可实现水肥的同步管理，节省大量用于灌溉和施肥的劳动力。以胡椒管理为例，当1人管理400多株胡椒时，开沟施肥需耗时2~3天，而在水肥一体化条件下，仅需1人40分钟即可完成。在集约化管理的农场或果园，该技术效率更高，如对某农场荔枝施肥情况调查表明，52公顷荔枝园人工施肥需要32人1周才能完成，而采用水肥一体化滴灌施肥1人24小时即可完成，劳动强度和人工成本大大降低。

2. 节水节肥，提高肥料利用效率

在水肥一体化技术条件下，溶解后的肥料被直接输送作物根系最集中部位，充分保证了根系对养分的快速吸收。而且水肥溶液在土壤中均匀分布，使得养分分布高度均匀，提高了根系的吸收效率。而传统施肥和灌溉都是分开进行的，肥料施入土壤后，由于没有及时灌水或灌水量不足，根系不能充分吸收。研究表明，施用水肥一体化后氮肥利用率可高达90%，磷肥可达到50%~70%，钾肥可达到95%。肥料利用率提高不仅减少了肥料施用量，还能保证作物养分吸收。

3. 减轻杂草、水传病害危害

传统胡椒灌溉时，多采用全园漫灌，造成园区土壤湿润，易滋生杂草，影响胡椒生长。而且胡椒主要病害瘟病、细菌性叶斑病等，均可以通过流水传播，漫灌时病菌随水流传播，造成病害发生。而水肥一体化技术主要通过滴头进行供给，水滴在滴头附近即向下渗透，不易形成水流，减少杂草和水传病害的发生。

4. 防治土传病害

胡椒种植主要集中在热带，由于旱季温度高，土壤中根结线虫繁育速度快。据调查，目前海南90%以上胡椒园均已发现根结线虫，在根结线虫长期作用下，胡椒根系活性和养分吸收能力逐步下降，造成树体叶片发黄、长势差，生长停滞，严重时落花落果，植株出现死亡，经济寿命大幅缩短。

根结线虫可采用噻唑磷或阿维菌素防治，这些药剂均可通过水肥一体化设施一次性施入土壤，操作方便，在此条件下，每年可在旱季前期施用根结线虫药剂1次，可有效预防或降低根结线虫的危害。

5. 显著增加产量

水肥一体化施肥方案根据作物养分需求规律，少量多次、按需供应，保证了作物养分的周年稳定供应，可促进胡椒高产稳产。香饮所2012—2013年胡椒水肥一体化试验结果表明，以常规喷灌浇水、开沟施肥为对照，水肥一体化技术在减少肥料用量一半的情况下，黑胡椒产量提高了48%。水肥一体化技术协调水肥平衡，使作物生产潜力得到充分发挥，从而表现为高产、优质，实现较高经济

效益。

二、胡椒水肥一体化技术方案

(一) 制定依据

1. 高产水平下的胡椒养分需求规律

作物的养分需求规律是作物的固有特性之一，一般不因时间地点等环境条件而产生较大变化。因此可以根据高产水平下作物的生长量，以及相应生长量所需养分，获得该作物的高产水平下对应的养分需求规律。

由于胡椒属于多年生作物，正常生长条件下，周年生长量难以统计，本方案参考了发表的相关科研成果以及香饮所多年种植经验进行估算，主要结果如表9-1所示。

表9-1　高产水平下（4千克白胡椒/株）的养分需求量（克/株）

营养元素	9 月至翌年 2 月	翌年 2—8 月
N	237.9	91.3
P_2O_5	99	45
K_2O	249	120

2. 由目标产量计算周年养分需求总量

根据目标产量籽粒带走的养分式（9-1），以及树体营养器官消耗养分式（9-4），计算植株养分需求总量式（9-5）。

由于早期幼龄椒的管理决定了胡椒投产时的树形，也决定了其产量水平，短期内较多肥料投入并不能立即带来高产，因此确定目标产量时，应以其前几年平均产量为基数，增幅不应超过平均产量水平30%~50%。

$$D_f = Y \times N_f\% \qquad (9-1)$$

式中：

D_f——目标产量籽粒带走的养分，克；

Y——目标产量，千克；

$N_f\%$——单位白胡椒养分含量，每千克白胡椒含 N、P、K 分别为33.6克、2.5克和16.2克。

$$D_v = Z \times N_v\% \times P \qquad (9-2)$$

式中：

D_v——树体营养器官消耗养分，克；

Z——总干叶重，克；

$N_v\%$——单位干叶重养分含量，N、P、K 含量分别为3%、0.2%和2%；

P——全株养分重为叶片养分重的倍数，固定为 1.6。

$$Z = Z_1 \times V \tag{9-3}$$

式中：

Z——总干叶重，克；

Z_1——单位体积叶片干重，421 克/立方米；

V——单株植株实测体积，立方米。

单株植株实测体积按式（9-3）计算：

$$V = \pi R^2 \times H \tag{9-4}$$

式中：

V——单株植株实测体积，立方米；

R——冠幅的 1/2，米 [从行间、株间两个方向，分别测量胡椒圆柱形树冠上、中、下（离地面 150 厘米、100 厘米、50 厘米）3 个部位直径，以 6 个测量值的均值为冠幅]；

H——株高（在树冠两侧的水平线上测量植株高度，取均值），米。

$$D = D_f + D_v \tag{9-5}$$

式中：

D——植株养分总需求，克；

D_f——目标产量籽粒带走的养分，克；

D_v——树体营养器官消耗养分，克。

3. 根据 1 和 2 中所得结果，确定不同时期的肥料施用量

由 1 中所得的不同时期养分需求，计算不同时期养分占总量的比例，乘以 2 中所得周年养分需求总量，即可计算某一时期的养分需求量。再根据养分利用效率（N、P、K 养分利用率分别按 60%、20% 和 50% 计算），确定相应肥料施用量。

（二）具体施肥方案

根据上述计算方法，香饮所 2012—2013 年试验以 2 千克白胡椒/株为目标产量，进行水肥一体化肥料施用量计算，施肥总量约为传统施肥总量的一半（表 9-2）。

表 9-2　目标产量（2 千克白胡椒/株）的肥料施用量（克/株）

养分	8 月	9 月	11 月	翌年 3 月	合计
N	147	27	27	68	268
P_2O_5	134	27	27	80	268
K_2O	129	27	27	68	251

（三）收益分析

2012—2013 年结果表明，在水肥一体化条件下，胡椒干鲜比为 0.39，千粒重为 61.73 克，总施肥量为 0.79 千克/株，用水量 29.93 吨/亩，而传统施肥方法的胡椒干鲜比为 0.36，千粒重为 55.83 克，总施肥量为 1.027 千克/株，用水量 36.61 吨/亩。水肥一体化技术与传统灌溉施肥技术相比，每亩节肥 40%，节水 18%，节省劳动时间 71%~93%，胡椒产量增加 48%。按收益来计算，每亩节省人工、肥料等成本 348 元/亩，电费成本增加 30 元/亩，胡椒产量增收 2 936 元/亩，每亩综合收益增加 3 315元/亩。

三、水肥一体化设备

（一）系统组成

一般来说，一套完整的滴灌系统应包括水源工程、首部系统、管道系统和滴水器四部分组成（彩图 128）。

1. 水源工程

生产中的河流水、湖泊水、水库水、井水等自然水源一般可直接利用；而鱼塘水、水池水由于浑浊，需经过过滤使用。

2. 首部系统

首部系统是整个水肥一体化设施的驱动、检测和控制中枢，主要由动力设备、过滤器、施肥设备、控制阀门、计量设备和安全设备组成。

（1）动力设备

主要是水泵，为滴灌系统提供压力，可以由电动机、柴油机和汽油机带动。在水源具有一定高度差的情况下使用，也可利用自压使用。

（2）过滤器

作用是将灌溉水中固体杂物滤去。减少管道和滴头的堵塞，提高系统使用寿命。一般安装在水泵之后，输配水管之前。

（3）施肥设备

将肥料溶于水中，便于向管道输入，可以修建施肥池，也可采用施肥桶。

（4）控制阀门

控制和调节管道系统内压力流量的操纵部件，如闸阀、球阀等。

（5）计量设备

用于测量管道中的流量或压力，包括水表、压力表等。

（6）安全设备

保证管道内的正常压力，防止水流倒灌，如空气阀、减压阀、逆止阀等。

海南胡椒园一般配备一个水池和肥池，在水源条件不好的情况下，也可利用水池和肥池进行水肥一体化施肥，见彩图 129。但由于水池和肥池长期积水，池中微生物等杂质较多，在利用这些水源时，最好用孔径为 45 微米的细网包住抽水口，保证水源充分过滤，否则容易堵塞过滤器和滴头，使系统寿命缩短。

3. 管道系统

管道系统起到运输作用，由于管理流量较大，常年不动，一般埋于地下，包括硬塑料管（PVC 管）、聚乙烯管（PE 管）和连接配件等（直接、直通和旁通等），如彩图 130 所示。铺设管道时应考虑正常使用时的压力，选择合适管径的管材。

4. 滴水器

是滴灌系统中的最关键的部件，是直接向作物灌水的设备。可以消减压力，将末级管道中的压力水流均匀而稳定地灌到作物根区附近的土壤中，满足作物对水分的需求。主要有滴头、滴灌带、微喷头、渗灌滴头、渗灌管等。

滴头一般由塑料注塑成型，其质量的好坏直接影响滴灌系统的寿命及灌水质量的高低。因此，常把滴头称为滴灌系统的"心脏"，见彩图 131。滴头要求工作压力为 50~100 千帕，流量为 1.0~12 升/小时。

滴头有压力补偿式和非压力补偿式，选择依据主要依靠地形、作物种类、种植间距和土壤性质等决定。一般地形起伏较大，选择压力补偿式，其压力补偿范围一般在 5~10m 高程；坡度变化不大的园区，且设计 PE 管长度较短时，为减少成本，可选择非压力补偿式滴头。

（二）注意事项

1. 避免浓度过高造成烧根

肥料溶解于水中，若浓度过高，会造成根系失水而死亡。一般要求将肥液浓度稀释至 1~3 克/升，相当于稀释 350~1 000 倍。而且滴施肥料后应滴清水 1 次。

2. 避免过量灌溉

一般使土层深度 20~40 厘米保持湿润即可。过量灌溉不但浪费水，还会将养分淋失到根层以下，浪费肥料，作物减产。特别是尿素、硝态氮肥（如硝酸钾、水溶性复合肥）极容易随水流失（彩图 132）。

3. 确保在作物根系吸收范围内

水肥一体化直接供应作物根系养分吸收，若滴头位置不对，水肥不能施入作物根系所在位置，不仅会造成肥料浪费，还会引起作物脱肥而长势差、产量低。

确定作物根系吸收范围时，应依据作物根系分布、土壤质地和土壤含水量来确定。

灌溉时间与根系有密切关系，作物根系越深，灌溉时间越久，用水越多。

不同质地土壤，水肥滴入后在土壤中的分布不一样（彩图 133），沙质的土壤，选择流量大的滴头，缩短滴灌时间，以促进横向转移；黏质的土壤，选择流量小的滴头，延长滴灌时间，以促进向下入渗。

土壤含水量影响了水分在土壤中渗透率。雨季雨水多，土壤始终保持较高水分含量，此时施肥，应在停雨间隙，增加肥液浓度，将肥料少次或一次性施入。避免再下雨时引起流水，将肥料冲走。

4. 避免管道堵塞

滴头是精密设施，若发生堵塞，直接影响水肥一体化技术应用，在平时应注意防堵。如施肥前后应对首部的过滤器进行清洗；施用沤制水肥时，应用过滤网对肥液进行过滤；施肥前后洗管。一般先滴水，等管道完全充满水后开始施肥，施肥结束后要继续滴半小时清水，将管道内残留的肥液全部排出；若不洗管，滴头处生长藻类及微生物，导致滴头堵塞。

（三）成本核算

水肥一体化相关设备设施具有安装简单、维护方便等特点。而且由于模块化生产，其成本低廉，市场价格不高，有利于技术的应用推广。以每亩胡椒的设施投入为例（表9-3），每亩不可拆卸的管道、滴头等设备投入约790元；可拆卸的过滤器、汽油泵等配套设备投入约2 880元。假设某农户家共有4亩地，则前期一次性投入为4×790+2 880=6 040元；根据收益分析已知每亩综合收益可增加3 315元，按保守每亩增收2 000元计算，一年即可增收4×2 000=8 000元。减去一次性投入的6 040元，一年即可收回投入。而且水肥一体化施用寿命较长，平均8~10年，因此利用水肥一体化设施进行水肥管理，可带来长期持续的增加收益。

表9-3　胡椒每亩成本核算单

项目		单价（元/个）	每亩造价（元）
固定设施（不可拆卸）	PVC管		300
	PE管	1.2	270
	滴头	0.8	120
	其他配件		100
	合计		790
配套设备（可拆卸）	过滤器		800
	压力表		80
	汽油泵		2 000
	合计		2 880
设备总和	合计		3 670

第二节　胡椒机械化施肥技术

胡椒经济寿命可达 25 年以上，管理良好的胡椒园其经济寿命更长，其经济寿命的长短以及产量的高低与稳定，与胡椒株施用的肥料特别是有机肥的施用有着特别密切的关系。在非生产期的幼龄椒园期间，为了确保胡椒植株生长量达到高产树型的标准，必须在胡椒植株定植 6 个月以后至胡椒植株封顶前的 3 年内，对胡椒植株周边进行深翻扩穴并大量施用有机肥料，一方面是促进胡椒植株不断扩大根系生长范围，通过地下根系的不断扩大而促进地上部分树冠幅度增大；另一方面是施用有机肥的同时结合对地上部植株的整形修剪，促使地上部枝条数量大幅增长，达到地上部尽可能多的抽穗结果枝，从而达到高产树型标准的目的。此外，在成龄胡椒园开始结果后，由于胡椒具有周年开花结果的习性，需要通过每年 4 次不同月份集中开沟施用有机或无机肥的方式，来调节胡椒开花结果周期，确保胡椒园产量的稳产高产，因此田间施肥是确保胡椒种植业高产稳产的最重要措施之一，也是胡椒种植业劳动强度最大的措施之一，是限制胡椒种植业发展和稳定的重要因素。随着技术的进步，以香饮所为代表的胡椒科研团队，根据生产的实际需求，研发了以减轻劳动强度和劳动力成本的胡椒机械化施肥种植的模式及相关装备。

一、胡椒机械化施肥的种植模式

生产上胡椒种植一般均采取比较固定的株行距的方式进行种植，这种方式能使田间植株比较均匀分布在整个田间，目前比较常用的株行距的最大行距大多为 2.5 米，由于行距较小，目前市场上各种田间机械轮距均较大，因此胡椒生产过程需要通过人工方式进行开沟施用各种肥料，很难通过机械方式代替人工作业，为了适应目前市场上各种田间机械的轮距规格，需要在确保目前每亩胡椒种植株数不变的基础上，设计调整胡椒的田间种植模式，根据国内其他农作物的经验，我们设计了宽窄行种植的模式，即在单位面积种植行数及株数不变的情况下，调整行间距离，一行设为窄行、缩小行距，一行设为宽行、把窄行缩小的距离补充到宽行中去、增加宽行的距离确保机械的通畅通行。主要按以下方式设计：一垄种植两行胡椒，垄内为宽行，垄面宽 5 米，垄内胡椒株行距为 2 米×3 米，胡椒距垄边 1 米。垄间为窄行，如园地坡度在 10° 以下，垄间胡椒需错开角度种植，水平错开距离约 50 厘米；如园地坡度在 10° 以上，垄间胡椒无须错开角度，垄间胡椒行距为 2 米。

二、胡椒机械化施肥方式及装备

1. 胡椒粉垄式松土施肥技术

改传统的 2 米×2.5 米株行距为宽行株行距为 3 米×2 米、窄行株行距为 2 米×

2 米的宽窄行模式，种植时胡椒头朝向宽行，研发宽窄行宜机化耕作模式以及第一代粉垄式松土施肥一体机及配套技术，不破坏土层结构而实现松土、深施有机肥（40 厘米）、回土一次完成，增产 17%，生产效率提高 5 倍以上，成本降低18%（彩图 134 至彩图 136）。

2. 机翻施肥

采用宽行株行距为 3 米×2 米、窄行株行距为 2 米×2 米的宽窄行模式，种植时胡椒头朝向宽行，利用市场上轮距为 2 米左右的小型挖掘机代替人工挖掘施肥沟方式，在人工施入肥料后再用挖掘机回填施肥沟，大大减轻劳动强度、提高劳动效率、节省劳动力成本（彩图 137）。

三、机械施肥方法

1. 幼龄胡椒施肥

幼龄胡椒的深翻扩穴施有机肥可采用机械施肥替代人工操作，方法是：第一次深翻扩穴在宽行靠近胡椒两侧的胡椒冠幅外缘 10~20 厘米处各开一条深 40~50厘米的施肥沟，把有机肥、化肥等施入；第二次深翻扩穴在宽行靠近胡椒头两侧的胡椒冠幅外缘 10~20 厘米处各开一条深 40~50 厘米的施肥沟，把有机肥、化肥等施入；第三次深翻扩穴在宽行中间开一条深 40~50 厘米的施肥沟，把有机肥、化肥等施入。注意在机械回土时把施肥沟回土到高出周边地面 5~10 厘米，防止机械施肥沟塌陷积水。其余措施同第五章胡椒标准化种植。

2. 结果胡椒施肥

结果胡椒的每年四次的主要施肥时期，均采用机械方式代替人工挖穴施肥，方法是在胡椒宽行中间开一条深 40~50 厘米的施肥沟，把有机肥、化肥等施入，并在机械回土时把施肥沟回土到高出周边地面 5~10 厘米，防止机械施肥沟塌陷积水。其余措施同第五章胡椒标准化种植。

第十章　胡椒、槟榔复合种植

胡椒原产于印度西高止山脉的热带雨林，根据香饮所研究，胡椒的生长发育过程需要一定的荫蔽度才能正常生长；槟榔是海南重要的经济作物，被列为海南省的"三棵树"之一，效益高、管理成本低，是海南部分市县百姓眼中的"摇钱树""懒人树"，槟榔树型结构独特，树干直、树冠幅度小、遮光率小，非常适合与胡椒进行复合种植，包括用作胡椒攀爬的支柱及间作物，以提高胡椒种植业的复种指数，提高百姓经济效益。

第一节　胡椒园间作槟榔

作为海南"三棵树"之一的槟榔，其种植业最大的障碍就是槟榔的黄化病问题，虽然目前科技界尚没有找到解决根治槟榔黄化病问题的稳定可行的方法，但生产上部分农户经过长期实践发现胡椒园内间作的槟榔，虽没有对槟榔进行专门的针对黄化病问题采取措施，但胡椒园内间作 20 多年的槟榔，其黄化病发病率相当低、不足 5%，且单位面积胡椒园内间作一定株数的槟榔，不仅能提高胡椒园产量，还能增加一定数量的槟榔收入，可谓一举两得（彩图 138）。

一、园地选择（同第五章胡椒标准化种植）

二、园地规划（同第五章胡椒标准化种植）

三、垦　地（同第五章胡椒标准化种植）

四、胡椒定植（同第五章胡椒标准化种植）

五、槟榔的定植

1. 种苗规格

（1）种果选择

一般选用海南本地的长蒂种。采种母株以生长健壮的 20~30 龄树为宜，选择叶片青绿、叶柄短而柔软、茎干上下粗细一致、节间均匀、长势旺、开花早、结果多而稳定、每年抽生三蓬以上果穗，单株产果 300 个以上、叶片 8 片以上且浓绿而稍下垂的植株。选第二蓬、第三蓬，5—6 月开花的，果大量多的果穗。要求果实饱满无裂痕无病斑，充分成熟，呈金黄色，大小均匀，每千克鲜果 18~

22个。

（2）催芽

新收种果晾晒1~2天，使果皮略干，种果放在荫蔽湿润的地方铺堆，每堆约1 500个，堆高约15厘米，再盖上稻草，每天淋水保持湿润，温度不能超过35℃，经20~30天，剥开果蒂有白色小芽点生出，即可播种。

（3）移苗

选用长×宽为30厘米×25厘米的具孔育苗袋，先装入3/5的营养土（表土、火烧土、土杂肥为6∶2∶2混合）、然后放进萌芽的种子。芽点向上，再加土至满袋并撒少许细沙以免板结，上面再覆草，淋水至全湿为止。每天淋水一次，苗床上方架设遮光率60%的遮阳网。待苗有4~5片叶时，便可出圃。移栽出圃前7天逐步移开遮阳网，进行炼苗。

2. 定植时间

在秋季8—10月、以种苗顶端箭叶尚未展开时定植，定植时宜选阴天进行。

3. 定植规格及方法

总体原则为充分利用植物的边行效应原则，进行宽窄行、宽窄株分布，槟榔种植在胡椒窄行宽株上（彩图139）。

胡椒同时以宽窄行及宽窄株方式种植，宽行距为3米、窄行距为2米，宽株距为2.2米、窄株距为1.8米交替间隔；槟榔与胡椒种植在同一窄行上，且种植在株距为2.2米的两株胡椒中间，每亩胡椒园（约133株），间作种植槟榔56~66株为宜。定植时，用袋装苗定植，种植不宜过深，入穴时先去掉袋子再回土。植后淋足定根水，并盖圈根草。

六、幼龄植株管理

（一）胡椒管理（同第五章胡椒标准化种植）

（二）槟榔中小苗管理

在幼龄胡椒进行中耕除草时，同步进行槟榔中小苗的中耕除草。清除园区杂草，保持树盘无杂草，结合除草进行培土，把露出土面的肉质根埋入土中。

保持土壤湿润，干旱时及时浇水。灌溉水质量应符合《无公害食品热带水果产地环境条件》（NY 5023—2002）的规定。

七、结果植株管理

（一）胡椒管理（同第五章胡椒标准化种植）

结果胡椒的施肥

（1）肥料种类

以有机肥为主，无机肥为辅，施用标准按照《绿色食品肥料使用准则》

（NY/T 394—2013）的规定执行。

常用的有机肥有牛、羊等畜禽粪便，以及畜粪尿、鲜鱼肥、豆饼、芝麻饼和绿肥等。畜粪尿、饼肥一般沤制成水肥；畜粪、鲜鱼肥一般与表土或塘泥沤制成干肥；常用的无机肥有尿素、过磷酸钙、硫酸钾、钙镁磷肥和复合肥等。

禁止使用含有重金属和有害物质的城市生活垃圾、工业垃圾、污泥和医院的粪便垃圾；不使用未经国家有关部门批准登记的商品肥料产品。

（2）有机肥沤制方法

干肥：牛粪 30 千克左右或羊粪 20 千克左右，与过磷酸钙 0.25~0.5 千克及表土一起堆沤，牛粪或羊粪与表土的比例为 5∶5 或 6∶4，达到腐熟、干净、细碎、混匀后才能施用。

水肥：按前述胡椒标准化种植方法进行。

（3）施肥方法

第 1 次：胡椒重施攻花肥+槟榔青果肥。

8 月中下旬，雨下透土，胡椒植株中部枝条侧芽萌动时，在胡椒头两侧，每株沟施约 0.25 千克芝麻饼沤制的水肥 5 千克，水肥干后施约 0.08 千克尿素、0.05 千克氯化钾和 0.1 千克过磷酸钙，然后覆土。

第 2 次：胡椒辅助攻花肥+槟榔入冬肥。

10 月中下旬，在胡椒头一侧，每株沟施约 0.25 千克芝麻饼沤制的水肥 5 千克，水肥干后施约 0.08 千克尿素、0.05 千克氯化钾和 0.1 千克过磷酸钙，然后覆土施辅助攻花肥。

第 3 次：胡椒养果保果肥+槟榔花前肥。

翌年 1—2 月，在胡椒头两侧，每株沟施约 0.25 千克芝麻饼沤制的水肥 5 千克，水肥干后施约 0.08 千克尿素、0.05 千克氯化钾和 0.1 千克过磷酸钙，然后覆土。

第 4 次：胡椒养果养树肥+槟榔青果肥。

翌年 5—6 月，在胡椒头一侧，每株沟施沤制腐熟的芝麻饼肥约 10 千克，在胡椒头两侧，再施约 0.08 千克尿素、0.05 千克氯化钾和 0.1 千克过磷酸钙，然后覆土。

（二）槟榔管理

1. 除草

结合除草进行培土，把露出土面的肉质根埋入土中。

2. 灌溉排水

保持土壤湿度，干旱时及时浇水。灌溉水质量应符合《无公害食品热带水果产地环境条件》（NY 5023—2002）的规定。及时排除园内积水，避免涝害。

3. 控花保果

去除 3 月前抽出的花苞，保留 4—6 月开的花。

4. 防畜、防火、防寒

防止猪、牛等牲畜进入槟榔园践踏植株根部；及时清除园中枯枝干草防止火灾；进入秋冬时在茎干上用石灰刷白防寒。

八、采　收

（一）胡椒鲜果的采收

主花期为春季的采收期为当年 12 月至翌年 1 月；主花期为夏季的采收期为翌年 3—4 月；主花期为秋季的采收期为翌年 5—7 月。整个采收期采果 5~6 次，每隔 7~10 天采收 1 次，主花期前一个半月应将所有果实采摘完毕。

采收前期，每穗果实中有 2~4 粒果变红时，即可采摘整穗果实；采收后期，胡椒果穗上大部分果实变黄时，即可采摘整穗果实。

（二）槟榔鲜果的采收

根据果实成熟度、用途、市场需求和气候条件决定果实采收时间。

采收时，用收果剪或锐利的收果叉（钩）将果穗整穗切下，植株高的，在底下铺设编织网承接以免摔坏槟榔果，同时避免砸伤胡椒植株。

采收后及时处理，依据成熟度、果实大小进行分级，剔除病虫果、损伤果和畸形果，分级包装。

第二节　槟榔活支柱种植胡椒

作为海南省"三棵树"之一的槟榔，其不仅管理的人工成本低，且其树型结构独特：树干直、根系发达、植株牢固而不易倒伏，树冠随种植年限的增加而逐步上升，因而其树冠下方的遮光度也逐渐减少，这对需要一定遮光度且需要攀缘支柱的胡椒来说非常适合用作其生长发育的攀缘支柱，特别是在我国胡椒主产区的海南文昌、琼海、万宁、海口等市县（彩图 140、彩图 141）。

一、园地选择（同第五章胡椒标准化种植）

二、园地规划（同第五章胡椒标准化种植）

三、垦　地（同第五章胡椒标准化种植）

1. 开垦（同第五章胡椒标准化种植）

2. 修建梯田和起垄（同第五章胡椒标准化种植）

3. 挖穴、施基肥

胡椒定植前 2 个月内挖穴，穴规格为长 80 厘米、宽 80 厘米、深 70~80 厘米。胡椒植穴分布按宽窄行方式：即宽行距离为 3 米，窄行距离为 1.5 米，宽窄行之间的植穴呈"品"字形分布。挖穴时，应将表土、底土分开放置，清除树根、石头等杂物，暴晒 20~30 天后回土。回土时先将表土回至穴的 1/3，然后将充分腐熟、干净、细碎、混匀的有机肥 15~25 千克（过磷酸钙 0.25~0.5 千克一起堆沤）与土充分混匀回穴踏紧，再继续填入表土，做成比地面高约 20 厘米的土堆，以备定植。

四、槟榔种植

1. 种苗培育

（1）种果选择

一般选用海南本地的长蒂种。采种母株以生长健壮的 20~30 龄树为宜，选择叶片青绿、叶柄短而柔软、茎干上下粗细一致、节间均匀、长势旺、开花早、结果多而稳定、每年抽生三蓬以上果穗、单株产果 300 个以上、叶片 8 片以上且浓绿而稍下垂的植株。选第二蓬、第三蓬，5—6 月开花的，果大量多的果穗。要求果实饱满无裂痕无病斑，充分成熟，呈金黄色，大小均匀，每千克鲜果 18~22 个。

（2）催芽

新收种果晾晒 1~2 天，使果皮略干，种果放在荫蔽湿润的地方铺堆，每堆约 1 500 个，堆高约 15 厘米，再盖上稻草，每天淋水保持湿润，温度不能超过 35℃，经 20~30 天，剥开果蒂有白色小芽点生出，即可播种。

（3）移苗

选用长×宽为 30 厘米×25 厘米的具孔育苗袋，先装入 3/5 的营养土（表土、火烧土、土杂肥为 6∶2∶2 混合），然后放进萌芽的种子。芽点向上，再加土至满袋并撒少许细砂以免板结，上面再覆草，淋水至全湿为止。每天淋水一次，苗床上方架设遮光率 60% 的遮阳网。待苗有 4~5 片叶时，便可出圃。移栽出圃前 7 天逐步移开遮阳网，进行炼苗并换装成大育苗袋，苗龄达到 3 年以上、直径达到 5~6 厘米、树干高度达 1.5 米左右，即可种植。

2. 槟榔种植

胡椒定植前 1 个月把已培育好的槟榔种苗种植入已开垦好的胡椒植穴内，在离胡椒植穴壁外侧 20 厘米处挖槟榔植穴，每行种植穴均为背向胡椒宽行方向，规格为长宽各 80 厘米、深 60 厘米，挖穴时将底土和表土分开，表土混以适量有机肥，回填于植穴的下层，回土至植穴一半时将槟榔种苗放入，再回土至满穴，压实后做一个高出地面约 10 厘米、宽与槟榔冠幅相仿的土兜、淋足定根水，以后每隔 2~3 天检查土壤干湿度，及时补水，确保土壤湿度适度。

五、胡椒定植

除下述措施外，其余措施同第五章胡椒标准化种植。

槟榔种植一个月、槟榔树桩牢固后，可以开始定植胡椒。胡椒定植穴方向应面向宽行方向，胡椒头朝向宽行；在距槟榔树干约 20 厘米处挖一"V"形小穴，宽 30 厘米，深 40 厘米，使靠近槟榔树干的坡面形成约 45°斜面，并压实；一般采用双苗定植，两条种苗对着槟榔树干呈"八"字形放置。定植时每条种苗上端 2 个节露出垄面，根系紧贴斜面，分布均匀，自然伸展，随即盖土压紧，在种苗两侧施腐熟的有机肥 5 千克，回土，淋足定根水，在植株周围插上荫蔽物，荫蔽度 80%~90%。

六、幼龄植株管理

（一）幼龄胡椒管理（除整形修剪外，其余同第五章胡椒标准化种植）

（1）剪蔓

应在 3—4 月和 9—10 月进行，不宜在高温干旱、低温干旱季节和雨天易发生瘟病时剪蔓。

第 1 次剪蔓：定植后 6~8 个月、植株大部分高度约 1.2 米时进行。在距地面约 20 厘米分生有 2 条结果枝的上方空节处剪蔓，如分生的结果枝较高，则应进行压蔓。新蔓长出后，每条蔓切口下选留 1~2 条健壮的新蔓，剪除地下蔓。

第 2、第 3、第 4、第 5 次剪蔓：在选留新蔓长高 1 米以上时进行。在新主蔓上分生的 2~3 条分枝上方空节处剪蔓，每次剪蔓后都要选留高度基本一致、生长健壮的新蔓 6~8 条绑好，并及时剪除多余的纤弱蔓。

封顶剪蔓：最后 1 次剪蔓后，待新蔓生长超过槟榔干高 2.5 米时在空节处剪蔓，在槟榔干高 2.5 米处交叉并用尼龙绳绑好，在顶端处用铝芯胶线绑牢。

（2）修芽

（3）剪除送嫁枝

（二）槟榔管理

清除园区杂草，保持树盘无杂草，结合除草进行培土，把露出土面的肉质根埋入土中。

保持土壤湿润，干旱时及时浇水。灌溉水质量应符合《无公害食品热带水果产地环境条件》（NY 5023—2002）的规定。

七、结果植株管理

（一）结果胡椒管理（除施肥外，其余同第五章胡椒标准化种植）

结果胡椒施肥

（1）肥料种类

以有机肥为主，无机肥为辅，施用标准按照《绿色食品肥料使用准则》

（NY/T 394—2013）的规定执行。

常用的有机肥有牛、羊等畜禽粪便，以及畜粪尿、鲜鱼肥、豆饼、芝麻饼和绿肥等。畜粪尿、饼肥一般沤制成水肥；畜粪、鲜鱼肥一般与表土或塘泥沤制成干肥；常用的无机肥有尿素、过磷酸钙、硫酸钾、钙镁磷肥和复合肥等。

禁止使用含有重金属和有害物质的城市生活垃圾、工业垃圾、污泥和医院的粪便垃圾；不使用未经国家有关部门批准登记的商品肥料产品。

（2）有机肥沤制方法

干肥：牛粪 30 千克左右或羊粪 20 千克左右，与过磷酸钙 0.25~0.5 千克及表土一起堆沤，牛粪或羊粪与表土的比例为 5∶5 或 6∶4，达到腐熟、干净、细碎、混匀后才能施用。

水肥：按前述胡椒标准化种植方法进行。

（3）施肥方法

第 1 次：胡椒重施攻花肥+槟榔青果肥。

8 月中下旬，雨下透土，胡椒植株中部枝条侧芽萌动时，在胡椒头两侧，每株沟施约 0.25 千克芝麻饼沤制的水肥 5 千克，水肥干后施约 0.08 千克尿素、0.05 千克氯化钾和 0.1 千克过磷酸钙，然后覆土。

第 2 次：胡椒辅助攻花肥+槟榔入冬肥。

10 月中下旬，在胡椒头一侧，每株沟施约 0.25 千克芝麻饼沤制的水肥 5 千克，水肥干后施约 0.08 千克尿素、0.05 千克氯化钾和 0.1 千克过磷酸钙，然后覆土施辅助攻花肥。

第 3 次：胡椒养果保果肥+槟榔花前肥。

翌年 1—2 月，在胡椒头两侧，每株沟施约 0.25 千克芝麻饼沤制的水肥 5 千克，水肥干后施约 0.08 千克尿素、0.05 千克氯化钾和 0.1 千克过磷酸钙，然后覆土。

第 4 次：胡椒养果养树肥+槟榔青果肥。

翌年 5—6 月，在胡椒头一侧，每株沟施沤制腐熟的芝麻饼肥约 10 千克，在胡椒头两侧，再施约 0.08 千克尿素、0.05 千克氯化钾和 0.1 千克过磷酸钙，然后覆土。

（二）槟榔管理

1. 除草

结合除草进行培土，把露出土面的肉质根埋入土中。

2. 灌溉排水

保持土壤湿度，干旱时及时浇水。灌溉水质量应符合《无公害食品热带水果产地环境条件》（NY 5023—2002）的规定。及时排除园内积水，避免涝害。

3. 控花保果

去除 3 月前抽出的花苞，保留 4—6 月开的花。

八、采　收

（一）胡椒鲜果的采收

主花期为春季的采收期为当年 12 月至翌年 1 月；主花期为夏季的采收期为翌年 3—4 月；主花期为秋季的采收期为翌年 5—7 月。整个采收期采果 5~6 次，每隔 7~10 天采收 1 次，主花期前一个半月应将所有果实采摘完毕。

采收前期，每穗果实中有 2~4 粒果变红时，即可采摘整穗果实；采收后期，胡椒果穗上大部分果实变黄时，即可采摘整穗果实。

（二）槟榔鲜果的采收

根据果实成熟度、用途、市场需求和气候条件决定果实采收时间。

采收时，用收果剪或锐利的收果叉（钩）将果穗整穗切下，植株高的，在底下铺设编织网承接以免摔坏槟榔果，同时避免砸伤胡椒植株。

采收后及时处理，依据成熟度、果实大小进行分级，剔除病虫果、损伤果和畸形果，分级包装。

第十一章　海南胡椒、椰子复合种植

椰子是我国胡椒主产区——海南省的"三棵树"之一，也是经济效益较为稳定且人工管理成本较低的特色产业和传统产业，但其树干高大遮光度小，种植规格一般为6米×9米或5米×8米，单位面积种植容积率低，可在其林下种植一定面积需要适当遮阴的经济效益更高的胡椒，以提高其单位面积复种指数，达到提高农村土地面积使用效率和经济效益的目的。

第一节　椰子的种植与管理

一、椰子品种选择

1. 品种类型

椰子为棕榈科的单子叶植物，通常可分为异花授粉的高种椰子和自花授粉的矮种椰子两类。

（1）异花授粉的高种椰子

树干高达15~25米，在良好条件下6~8年开始结果，寿命长达80年以上，是我国的主要栽培品种。依据果实大小和形状，又可分为大圆果、中圆果和摘蒂仔，以摘蒂仔最优。在以上3种果型中，又根据果色分为青椰子和红椰子等，其中以青椰子最为常见。

（2）自花授粉的矮种椰子

树干高5~12米，3~5年开始结果，寿命30~40年，我国栽培较少。依据果实的色泽，又可分为绿果矮椰、象牙矮椰和红果矮椰，矮椰子具有结果期早、结实多、早熟矮生等优点。

2. 良种选择

椰子树属热带作物，适宜生长在高温多雨的低海拔湿热地区，最适温度为26~27℃，年平均温度24~25℃，温差小，全年无霜，阳光充足，年降水量1 500~2 000毫米，且分布均匀。根据椰子树多年的栽培经验，以高种椰子中的摘蒂仔较适宜，产量高、品质优。在生产上通过选择良种母树，采收成熟的优质椰果育苗来提高椰子的产量及品质。

（1）母树选择

选择单株产量高、树冠球形或半球形、具有28~30片叶、长有6~8个果穗的老椰子树为采种母树。

（2）选果种

在椰子成熟季节，采用"密、重、熟"选种法，选择充分成熟、大小适中、近圆形的椰果。

"密"即植株较矮，叶片、果数多、分布均匀；"重"即果的比重大，皮薄肉厚，发芽率高易育成壮苗；"熟"即成熟的果实，摇动有清晰的"响水"声音。种果采下后，贮存在通风、荫蔽和干燥的地方，1个月后再进行催芽。

3. 育苗

椰子树的种子发芽速度不一致，直播育苗容易造成椰苗大小不均匀以及缺株等现象，因此椰子育苗最好采用催芽育苗。催芽育苗比直播育苗省工省地，成苗率高、浪费种子少，易选苗。

（1）催芽

选择在半荫蔽、通风、排水良好的场所催芽。场地要先清除杂草及树根，深耕15~20厘米。然后开挖催芽沟，催芽沟的宽度稍大于种果横径。挖好催芽沟后，将果种孔（果蒂）朝上，或45°斜列于沟底，盖湿沙至果实的1/3~1/2处，定期浇水保持沙土湿润，经60~80天便可发芽。

（2）育苗

苗圃地应选近水源、排水好的沙质土或壤土，深翻25~30厘米，畦宽可种3~4行，行间距离40~45厘米，种植沟深约20厘米，宽度稍大于种果的横径。施入腐熟有机肥与土壤混匀，并铺沙防白蚁。按种间距30~40厘米将催芽处理过的种果斜排沟中，保持幼苗垂直，芽朝同一方向，覆土盖过种果一半。注意要小心操作，不可用力振动种果。幼苗长出后，应适当加覆盖物，并浇足水。苗圃地要加强管理，及时除草、松土，旱季时要经常浇水，但苗圃地不能积水，雨季时要注意排水。春夏季以氮肥为主，可施一些稀粪水；秋季时应施一些钾肥，增强苗木的适应能力。

1年后，当苗木生长到约1米高时便可出圃栽植。

二、椰园的建立

1. 宜林地选择

年平均温度为24~27℃，最低月份平均温度不低于17~18℃或日平均温度8~15℃低温天气连续超过20天的年份出现概率低，并温差不超过5~7℃，年降水量1 000毫米以上，空气湿度不低于60%，地下水位较高，海拔较低的各类土壤适宜种植椰子。

2. 椰园开垦

椰园如果不间种绿肥、牧草或经济作物，则不需要全垦，以免造成水土流失。间种经济作物最好要全垦，清除杂草，以利间种作物生长。如果是丘陵坡地，则要开垦等高梯田，以免水土流失。

3. 种植密度与形式

生产上，一般每公顷种植椰子 165~270 株。间作胡椒椰子园，按宽窄行方式栽植椰子，即株距为 4 米，宽行距为 20 米，窄行距为 8 米，宽窄行之间的椰子栽植呈"品"字形分布，每公顷种植 178 株。

4. 定植季节与种苗选择

定植季节一般在每年春秋两季为宜。

种苗的选择按标准 NY/T 353 执行。

5. 植穴与定植

采用深挖浅种的方法，植穴规格 80 厘米×80 厘米×80 厘米，植后穴面离地面 10~20 厘米。

6. 基肥

可采用腐熟厩肥、畜肥、土杂肥、塘泥、火烧土等作为基肥，每穴施量 30 千克以上。

种植穴规格为长、宽、深各 80 厘米，穴内施入有机肥 20~40 千克，也可在穴内燃烧树叶，烧焦穴边，并填沙防白蚁。起苗时应带种果，多带土、少伤根，并做到随挖随栽。椰子苗的栽植深度以苗的基部生根部分能全部埋入土中为宜。做到"深种浅培土"，忌泥土撒入叶柄内。适当深植的椰子树，长势比浅植的好，产量比浅植的高，抗风力也比浅植的强。

三、幼龄椰园的管理

1. 补换植株（苗）

椰子定植后，如有死苗或缺株应及时补植，苗龄大小要一致，并加强对补植苗的管理，使林相整齐一致。

2. 植穴覆盖

椰子苗定植后植穴要及时覆盖，材料可用杂草、芒箕、椰糠、树叶残渣等，覆盖穴应随树龄增加而扩大，减少水分蒸发，抑制杂草滋生，促进椰苗生长。

3. 抗旱淋水

椰子种植后 1~2 年须注意旱情变化及时淋水，确保幼龄树正常生长。

4. 除草松土

植株周围 1~2 米范围内圆形或带状除草松土，2 米以外控萌，把除下的杂草作为覆盖物进行覆盖。

5. 植穴清淤和培土

椰子种植后植穴易被大雨冲刷，要及时清除淤泥；树干基部出现圆锥体（俗称"葫芦头"）或出现许多气根时，要及时培土。

6. 幼龄椰园施肥

幼龄椰园施肥主要以促进椰苗生长为主，施肥比例以 N∶P∶K 等于 1∶0.1∶1 为宜，并增施有机肥或喷施叶面肥，单株年施纯氮 0.2 千克，五氧化二磷 0.02 千克，氧化钾 0.2 千克。

四、成龄椰园管理

1. 灭荒除草

成龄椰园每年要清除杂草和灌木两次。

2. 中耕松土

成龄椰园每 2~3 年在椰子行间进行中耕松土一次。

3. 成龄椰园施肥

每年要施有机肥，化肥施用量一般比例 N∶P∶K 等于 1∶1∶1.5。

椰子树需施全肥，以钾肥最多，其次为氮、磷和氯肥，但必须注意平衡施肥。椰树缺钾时，茎干细，叶短小，树冠中部叶片首先萎蔫，上部叶片向下簇伸，低部叶片干枯、下垂悬挂于树干；缺氮时，幼叶失绿、少光泽，老叶出现不同程度的黄化，结果量减少，椰肉干产量降低；缺磷会引起根系发展不良和果腐；缺氯会影响椰果大小、椰肉干产量以及氮的吸收和植株对水分的利用。因此，施肥时要以有机肥为主、化肥为辅，并施一些食盐或腐烂的海杂鱼。每年可在 4—5 月及 11—12 月施肥，在距离树干基部 1.5~2.0 米处开施肥沟，效果较好。若用撒施法，应在全面除草松土后再施肥。

五、椰园病虫害防治

参照海南省地方标准《椰子栽培技术规程》DB 46/T 12—2012。

1. 防治原则

贯彻"预防为主、综合防治"的方针，坚持以"农业防治、物理防治、生物防治为主、化学防治为辅"的无害化治理原则。

2. 农业防治

（1）实行检疫，培育定植无病虫为害的椰子种苗。

（2）加强水肥管理，增加有机复合肥或使用充分腐熟的有机肥，适当施用化肥。

（3）加强树体管理，提高植株抗病虫能力。

3. 生物防治

（1）优先选用寄生蜂、微生物源和植物源生物农药。

（2）选用对天敌杀伤力小的杀虫剂和杀菌剂。

4. 药物防治

农药的安全使用按 GB 4285、GB/T 8321（所有部分）执行。

　　椰子苗期病害主要有掌状拟盘多毛孢 [*Pestalotia palmarum*（Cooke）Stey.]引起的灰斑病和平脐蠕孢（*Bipolaris* sp.）引起的蠕孢霉叶斑病，成株期有奇异长喙壳 [*Ceratocystis paradoxa*（Dade）Mor.]引起的椰子泻血病、多种灵芝菌（Ganoderma spp.）引起的茎基腐病、棕榈疫霉（*Phytophthora palmivora* Butler.）引起的芽腐病等；害虫主要有椰心叶甲（*Brontispa longissima* Gestro）、椰子织蛾（*Opisina arenosella* Walker）、矢尖蚧（*Unaspis yanonensis* Kuwana）、黑刺粉虱（*Aleurocanthus spiniferus* Quaintanca）、红棕象甲（*Rhynchophorus ferrugineus* F.）、二疣犀甲（*Oryctes rhinoceros* Linnaeus）等。苗期发生的灰斑病和蠕孢霉叶斑病的防治主要是加强栽培管理，增施有机肥和磷、钾肥，提高椰子树的抗病性，清除重病叶，病害易发期可选用1%等量式波尔多液，或多菌灵、百菌清等喷雾防治。椰子泻血病是椰子产区的常见病害，发病椰树茎干出现纵裂缝，渗出暗褐色黏液，干后呈黑色，裂缝组织腐烂，重病株叶色失绿、发黄，树冠逐渐缩小，生长势衰弱。防治方法主要是凿除病部组织，涂上10%波尔多浆或煤焦油。茎基腐病主要危害椰子树的基部茎干和根系造成组织白腐，发病植株2~3年后整株死亡，其防治方法是彻底挖除病死株并烧毁。椰子芽腐病主要发生在7—9月台风雨季节，主要危害7~10年生椰子树的顶端幼嫩组织，使椰子树中央未展开的嫩叶基部组织呈糊状腐烂，嫩叶顶端先行枯萎，呈淡灰褐色，随后下垂，从基部折断，可在雨季前清除病死株销毁，对病区周围植株选用氧化亚铜，或1%等量式波尔多液，或5%瑞毒霉锰锌，或乙膦铝等药剂喷雾防治。椰子织蛾幼虫取食椰子树下层的老叶叶肉组织，造成叶片干枯，可在其幼虫危害期选用高效氯氰菊酯、溴氰菊酯、毒死蜱或吡虫啉等农药喷雾防治。矢尖蚧主要在5—6月发生较重，在椰子树下层老叶的叶背群集取食，造成椰子下层叶片发黄，可在若蚧孵化盛期选用噻嗪酮、矿物油、松脂酸钠等药剂进行叶面喷雾防治。红棕象幼虫钻蛀树干，可使椰子树整株枯死，防治时在伤口处用沥青或泥浆涂封，严重时砍伐烧毁，以免滋生更多成虫传播危害，也可在椰园内安装内置聚集信息素的诱捕器诱杀成虫。二疣犀甲成虫取食椰子顶端嫩叶，受害叶片展开后呈扇状，或波状缺刻，咬食生长点，造成植株枯死。可在每年3月以前清除椰园内外的死树干和树头、堆肥、粪堆等犀甲的繁殖场所，用牛粪或腐烂的椰树干引诱成虫产卵集中捕杀，还可利用天敌如土蜂、绿僵菌等防治二疣犀甲幼虫。

六、椰子的采收

1. 采收期的确定

　　椰子果实的采收期根据椰子果实的用途而定，用作嫩果直接消费和嫩果产品加工的椰子果，以8~9个月果龄为宜；作为产品综合加工的椰子果，以11~12个月果龄为宜，即充分老熟。

2. 采收方法

椰子的采收以人工采收为主，采收时须注意安全，应避免椰子直接从树上落下，造成椰子破裂或外果皮损伤。

第二节 胡椒种植与管理

一、园地规划（同第五章胡椒标准化种植）

二、垦　地

1. 开垦（同第五章胡椒标准化种植）

2. 开隔离沟

在离开椰子树 2 米以外的大行中开一条宽 50 厘米、深 80 厘米的大沟，既可以隔断椰子根系伸入椒园，又可作为椒园的排水沟。

3. 种胡椒支柱

采用宽窄行方式种植胡椒支柱，一个宽行椰子园之间距离共 20 米，种植 6 行宽窄间隔的胡椒支柱。离大沟边缘 1 米定植第 1 行胡椒支柱、株距为 2 米，椒头定植在背向大沟一侧；离大沟边缘 4 米地方定植第 2 行胡椒支柱、株距 2 米、椒头定植在面向大沟一侧，确保第 1 行和第 2 行胡椒行距达到 3 米，同时第 1 行胡椒和第 2 行胡椒株与株之间要呈"品"字形种植；第 3 行胡椒与第 2 行胡椒的行距为 2 米，第 4 行胡椒与第 3 行胡椒的行距为 3 米，第 5 行胡椒与第 4 行胡椒的行距为 2 米，第 6 行胡椒与第 5 行胡椒的行距为 3 米（彩图 141）。

4. 挖穴、施基肥

胡椒支柱种植后 1 个月，定植前 2 个月内挖胡椒定植穴，穴规格为长 80 厘米、宽 80 厘米、深 70~80 厘米，在离已种植好的胡椒支柱 20 厘米处面向宽行方向挖穴，并将表土、底土分开放置，清除树根、石头等杂物，暴晒 20~30 天后回土。

回土时先将表土回至穴的 1/3，然后将充分腐熟、干净、细碎、混匀的有机肥 15~25 千克（过磷酸钙 0.25~0.5 千克一起堆沤）与土充分混匀回穴踏紧，再继续填入表土，做成比地面高约 20 厘米的土堆，以备定植。

三、胡椒定植

（一）种苗规格（同第五章胡椒标准化种植）

（二）定植时间（同第五章胡椒标准化种植）

（三）定植方法

定植方向应面向宽行方向，胡椒头朝向宽行方向；在距支柱约 20 厘米处挖一"V"形小穴，宽 30 厘米，深 40 厘米，使靠近支柱的坡面形成约 45°斜面，并压实；一般采用双苗定植，两条种苗对着支柱呈"八"字形放置。定植时每条种苗上端 2 个节露出垄面，根系紧贴斜面，分布均匀，自然伸展，随即盖土压紧，在种苗两侧施腐熟的有机肥 5 千克，回土，淋足定根水，在植株周围插上荫蔽物，荫蔽度 80%～90%。

四、幼龄植株管理（除施肥方法同第九章第二节的机械施肥方法外，其余同第五章胡椒标准化种植）

五、结果植株管理（除施肥方法同第九章第二节的机械施肥方法外，其余同第五章胡椒标准化种植）

第十二章　橡胶、胡椒复合种植

橡胶是我国重要战略物资，也是热区百姓脱贫攻坚、巩固脱贫攻坚成果、实施乡村振兴的重要产业，在我国已有 1 600 多万亩的种植面积，年产量达 80 多万吨，但由于橡胶国际市场价格波动大等因素，造成橡胶种植业效益极不稳定，且橡胶种植业非生产期长（一般都要 5 年以上）、受台风影响大等，极大地影响橡胶种植业生产者的积极性，需要通过不断提高橡胶种植园的复种指数等措施来提高产业效益，确保我国橡胶产业的战略安全。

第一节　橡胶园间作胡椒

一、背　景

橡胶单位面积种植株数少，一般在 30 株/亩左右，胶园立体空间容积率小、复种指数低，且因胶园非生产期间的遮光率小，橡胶树本身一年四季生长过程中经历萌芽、抽叶、生长茂盛、叶片衰老到落叶休眠等，从而使橡胶园中间复合种植其他经济作物成为可能。胡椒在生长发育过程中需要一定的遮光率，经济效益高，因而橡胶与胡椒的复合种植是提高橡胶园复种指数、提高橡胶种植业的有效途径之一。目前我国橡胶园种植多数采用固定且均匀的行间距，行距一般在 6 米或 8 米，整个橡胶园的遮光率比较均匀，在橡胶园生长旺盛期胶园林下郁闭度大，不利于胡椒植株的生长发育，中国热带农业科学院橡胶研究所林位夫等人，经过多年的探索，根据植物的边缘效应原理，研发出一种宽窄行相间的橡胶园种植模式，在保持橡胶园单位面积株数不变的前提下，在橡胶园保留一定全光照的空间（宽行）种植其他经济作物，确保在橡胶园中间还能种植一定面积的其他全光照植物（如胡椒、咖啡等），以提高橡胶园的复种指数，提高橡胶园单位面积的种植业效益。

二、橡胶树的种植与管理

除下述措施外，其余措施按农业行业标准《橡胶栽培技术规程》（NY/T 221—2006）相关要求执行。

（一）橡胶林地的规划与设计

采用中国热带农业科学院橡胶研究所（简称橡胶所，以下同）林位夫等人研发的一种胶园间作新技术建立胶园，即全周期间作胶园，实行宽窄行相间的方式，其中株距 2 米、小行距 4 米、大行距 20 米，28 株/亩。

全周期间作胶园是一种适宜于开展长期间作生产的橡胶树种植模式，采用直立树形品种和宽窄行种植形式建立胶园，空旷的大行间（约占胶园面积 50% 或以上）可供发展多种作（植）物生产，在不增加投资、不明显减少干胶产量和提高胶园抗风能力等的前提下，可大幅增加胶园产出，胶园土地利用率达 150% 以上；可增加劳动就业岗位，增加胶农经济收入（彩图 142）。

（二）品种选择

采用中国热带农业科学院橡胶研究所选育的直立树型、高产、抗风的橡胶树新品种热研 7-20-59。

（三）园地开垦

采用全垦或带垦方式开垦，最宜行向为东西行向，具体行向根据依地形或间作物类型而定。

1. 定标

若坡度较小且对生产作业无大碍，按东西行向定标。

①规则地块，以边行为基行作平移定标，边行离地块边缘 3~4 米。

②不规则地块，以地块中最长一小行为基行，向两侧平移，每 20 米一小行。不足 20 米宽的按常规株行距定标。若坡度较大或坡向变化较大，按常规方法定标。采用机械或人工，沿小植行所在位置开通沟，坡度大同时修建环山行。

2. 开沟施肥

在两小植行中间开小通（肥）沟（也可在定植后 2~3 年时开沟）。沿小植行通沟放入基肥，回土。

（四）定植和补换植

将苗木按其长势分成 2~3 批，分批定植，淋足定根水和遮阴保苗。定植后 2~4 个月内，用较大的苗木进行补换植，确保定植当年成活率 100%，且长势均匀。

（五）定植后抚管

按常规橡胶园要求进行抚管，在定植后 3 年或 4 年起可在小通沟施肥压青；但禁止实施打顶等促进分枝的措施。

1. 整枝修剪

在橡胶生长过程中，应及时进行整枝修剪，尤其是砧木芽，应进行剪除处理。如果幼苗植株存在多个接芽，应及时剪除掉弱芽，保留强壮的接芽，以利于其生长。同时，对于高截干苗顶部抽生的芽应予以保留，定植后树干应控制在 2.5 米左右，树干要求挺直平滑，不得生长任何侧枝和幼芽，保证树干营养水平，促进其快速生长。

2. 施肥管理

在橡胶树篷叶长势稳定或萌动之初，即可进行施肥，但入冬前不能施加氮肥。对于开割的胶树来说，往往需要施加百事康水溶肥，一年施加两三次，各株施肥量为 0.3~0.5 千克，同时还需施加 1.5~3.0 千克复合生物肥，二者可混合使用，一般采用沟施法，可与扩穴、深翻等配合使用。如果胶树受到一定损害，可采取有机肥和化肥混合施加的办法，也可以施加橡胶专用肥，适当增加肥料用量，尽快恢复树势。对于断干胶树，其对速效肥的需求比较大，具体施用方式和轻度受害的胶树相同。对于倒伏胶树，则需在胶头压青施肥，同时施用磷肥和有机肥，然后多次追施氮肥和钾肥，也采用沟施法。如果是半倒胶树，施肥沟要与树干保持 2 米以上距离，以免开沟过程中导致大根被切断，使胶树出现倒伏现象，施加的肥料类型和倒伏胶树一致。

3. 间作与除草

橡胶树正式投产，往往在定植后的 7~9 年，在投产期以前，可以选择适宜作物在胶树行间进行间作，如豆类作物，不会对胶树生长造成不利影响，但不能种植薯类作物，其会与胶树争夺养分。同时应及时进行人工除草，一般对于处在幼龄期的橡胶园，每年至少进行 4 次，如果橡胶园内杂草过多，则可选用草甘膦予以消除。

4. 病虫害防治

（1）加强农业防治

在橡胶树生长过程中，除了加强水肥管理外，还应及时修剪橡胶树枝叶，改善林地通风及光照条件，能够有效防止各种病虫害的发生，尤其对于红蜘蛛、麻点病及季风性落叶病，防治效果较为突出。同时使橡胶树生长于适宜的环境中，能够有效防止白粉病和蚧壳虫的侵害。

（2）做好化学防治工作

每年 2—3 月，应注意观察白粉病的发病情况，一旦达到防治标准，应及时采取有效措施加以控制。如果橡胶树有将近 1/3 的抽叶均染病，则应局部喷施硫黄粉或粉锈病可湿性粉剂；如果感染面积超过 1/2，则需进行全橡胶林喷雾，如果感染率达 50%，同时叶片老化率为 40%，也应对整个橡胶林进行喷雾处理。在3—11 月，应注意观察六点始叶螨及红蜘蛛的发病情况，达到防治标准后使用杀螨卫士、阿维菌素加以防治。此期间也是蚧壳虫的高发时期，必要时可使用一定浓度的氧化乐果、蚧八蚧及毒死蜱等药物。此外，进入割胶期以后，需要对割胶面进行必要的防护与治疗，一般采用霜霉疫净、瑞毒霉水剂，往往是边割边涂。另外，还应加强橡胶小蠹防治，往往采用 25% 杀虫脒或者 40% 氧化乐果水溶液，再涂上一层沥青，一旦发现木质部已经有蠹虫蛀入，可使用马拉硫磷 200 倍液进行喷施处理。

（六）注意的事项

所用品种为热研 7-20-59，其他品种慎用，必须先做小规模试验。

间作时严格保持安全的胶作距，避免影响橡胶树和间作的生长。

采取各种措施确保定植保苗率达到 100% 且林相整齐。

禁止采用打顶等措施诱导分枝，否则可能导致偏冠，但可以修去低部位大分枝。

三、胡椒种植与管理

胡椒种植在橡胶园的宽行中间并在橡胶树边缘留出一条宽 2 米的隔离带，再种植胡椒。

（一）胡椒园开垦

1. 开隔离沟

在离开橡胶树 2 米以外的大行中开一条宽 0.5 米、深 0.8 米的隔离沟，既可以隔断橡胶根系伸入椒园，又可作为椒园的排水沟。

2. 种胡椒支柱

采用宽窄行方式种植胡椒支柱，一个宽行橡胶园之间距离共 20 米，可种植 6 行宽窄间隔的胡椒支柱。离隔离沟边缘外侧 1 米定植第 1 行胡椒、株距为 2 米，椒头定植在背向隔离沟一侧；离隔离沟外侧边缘 4 米地方定植第 2 行胡椒、株距 2 米、椒头定植在面向隔离沟一侧，确保第 1 行和第 2 行胡椒行距达到 3 米，同时第 1 行胡椒和第 2 行胡椒株与株之间要呈"品"字形种植；第 3 行胡椒与第 2 行胡椒的行距为 2 米，第 4 行胡椒与第 3 行胡椒的行距为 3 米，第 5 行胡椒与第 4 行胡椒的行距为 2 米，第 6 行胡椒与第 5 行胡椒的行距为 3 米，相邻两行胡椒之间单株胡椒彼此均呈"品"字形种植（彩图 143）。

3. 挖穴、施基肥（同第五章胡椒标准化种植）

4. 其余措施（同第五章胡椒标准化种植）

（二）胡椒定植

1. 种苗规格（同第五章胡椒标准化种植）

2. 定植时间（同第五章胡椒标准化种植）

3. 定植方法

定植方向应面向宽行方向，胡椒头朝向宽行方向；在距支柱约 20 厘米处挖一"V"形小穴，宽 30 厘米，深 40 厘米，使靠近支柱的坡面形成约 45° 斜面，并压实；一般采用双苗定植，两条种苗对着支柱呈"八"字形放置。定植时每条种苗上端 2 个节露出垄面，根系紧贴斜面，分布均匀，自然伸展，随即盖土压紧，在种苗两侧施腐熟的有机肥 5 千克，回土，淋足定根水，在植株周围插上荫蔽物，荫蔽度 80%~90%。

（三）幼龄植株管理（除施肥方法采用第八章第二节的机械施肥方法外，其余同第五章胡椒标准化种植）

（四）结果植株管理（除施肥方法采用第八章第二节的机械施肥方法外，其余同第五章胡椒标准化种植）

第二节　橡胶树活支柱种植胡椒

一、背景

胡椒为多年生经济作物，经济寿命可达 20~30 年，但多年同一地块长期连续单一种植易使胡椒园土壤养分失衡，土壤微生态系统严重失调，土壤根际微生物单一化，香饮所李志刚、杨建峰等的研究证明，长期单一种植胡椒园土壤种植上槟榔能使胡椒园土壤微生态系统得到改善，根际微生物多样性不断丰富；早在 20 世纪 90 年代云南的张玲其等的研究也证明，在间作胡椒的橡胶园土壤中分离出对胡椒疫霉菌具有拮抗作用的放线菌；香饮所孙世伟等也在橡胶园林下的胡椒土壤中分离出对胡椒疫霉菌具有抑制作用的单胞芽孢杆菌。上述研究表明，橡胶与胡椒根系是有正向互作效应的。此外，橡胶树的四季生长过程须经历春季萌芽、抽叶，冬季脱叶休眠时期，在夏秋季节则生长茂盛、树体郁蔽度大；胡椒花芽为混合芽，具有周年开花结果的特性，需要通过施肥、摘花摘叶等措施来调节其花果期。香饮所祖超等人的研究表明，胡椒可以通过调节光照强度大小及胡椒园的郁蔽度来达到调节胡椒花果期的目的，橡胶这种四季生长规律促使对胡椒实施通过光照调节花果期成为可能。特别是在海南，胡椒主花期在秋季，香饮所邢谷杨等的研究表明，在胡椒主花期前一个月左右，可以通过摘叶等措施来促使胡椒开花，使胡椒在主花期开花多且集中，从而达到提高胡椒产量的目的。胡椒放花期前一个月正是橡胶树植株生长茂盛时期，叶片茂密，树体郁蔽度大，胡椒植株也处于较为荫蔽状态，此时可以通过重修剪橡胶植株的枝条和叶片使胡椒植株突然处于全光照状态，造成胡椒叶片经受不住烈日暴晒而脱落但又不至于造成胡椒植株的死亡，达到促激胡椒植株强行抽新叶而开花的目的；随着胡椒攻花肥的施入，经过重修剪的橡胶植逐渐抽出新叶和枝条，橡胶植株逐步恢复遮光度，造成胡椒植株在主花期后具有一定的荫蔽度，而达到抑制其再开花促进果实迅速膨大的目的；进入冬季，阳光照射强度减弱，胡椒需要全光照才能正常生长，此时因受低温影响橡胶植株叶片开始枯黄脱落，使胡椒植株处于全光照状态；春季来临，光照逐步增强到春夏季节，光照强度达到高峰，香饮所邬华松等人的研究表明，过强光照强度对胡椒叶片光合作用具有一定抑制作用，此一时期橡胶树叶片从开始萌芽到生长茂盛，从而正好起到了调节胡椒植株光照强度的目的，使胡椒叶片保持始终处于比较适宜进行光合作用的状态，促使胡椒果实灌浆充实，千粒重增加而提高产量（彩图 144）。

二、园地选择（同第五章胡椒标准化种植）

三、园地规划（同第五章胡椒标准化种植）

四、垦　地（同第五章胡椒标准化种植）

五、橡胶种植

1. 种苗选择

采用呈直立树型、高产、抗风的橡胶树新品种热研 7-20-59，苗龄达到 3 年左右、直径达到 5~6 厘米，树干高度达 1.5 米左右的实生苗或芽接苗。

2. 橡胶种植

胡椒定植前 1 个月把已培育好的橡胶种苗种植入已开垦好的胡椒植穴内，在离胡椒植穴壁外侧 20 厘米处挖橡胶植穴，每行种植穴均为背向胡椒宽行方向，规格为长宽各 80 厘米、深 60 厘米，挖穴时将底土和表土分开，表土混以适量有机肥，回填于植穴的下层，回土至植穴一半时将槟榔种苗放入，再回土至满穴，压实后做一个高出地面约 10 厘米、宽与橡胶冠幅相仿的土兜、淋足定根水，以后每隔 2~3 天检查土壤干湿度，及时补水，确保土壤湿度适度。

六、胡椒定植

除下述措施外，其余措施同第五章胡椒标准化种植。

橡胶树定植 1 个月，树桩牢固后，可以开始种植胡椒，胡椒定植穴方向应面向宽行方向，胡椒头朝向宽行；在距橡胶树干约 20 厘米处挖一"V"形小穴，宽 30 厘米，深 40 厘米，使靠近橡胶树干的坡面形成约 45°斜面，并压实；一般采用双苗定植，两条种苗对着槟榔树干呈"八"字形放置。定植时每条种苗上端 2 个节露出垄面，根系紧贴斜面，分布均匀，自然伸展，随即盖土压紧，在种苗两侧施腐熟的有机肥 5 千克，回土，淋足定根水，在植株周围插上荫蔽物，荫蔽度 80%~90%。

七、幼龄植株管理

（一）幼龄胡椒管理（同第五章胡椒标准化种植）

（二）橡胶管理

清除园区杂草，保持树盘无杂草，结合除草进行培土，把露出土面的树根埋入土中，及时剪除干高 2.5 米以下的分枝，确保树干垂直高度达到 2.5 米以上。

八、结果植株管理

（一）结果胡椒管理（同第五章胡椒标准化种植）

（二）橡胶管理

1. 除草

结合除草进行培土，把露出土面的树根埋入土中。

2. 灌溉排水

保持土壤湿度，干旱时及时浇水。

3. 修枝调遮光度

胡椒果实采摘完成后 15~20 天，胡椒攻花肥施入后一周内去除橡胶树干顶部叶片及靠近胡椒植株封顶处 50 厘米以下的所有枝条，只保留胡椒植株封顶处 50 厘米以上的大枝条，确保胡椒植株处于全光照状态。

第十三章　云南胡椒园间作技术

云南是我国胡椒的第二主产区，由于云南胡椒主产区主要分布在山区，山地胡椒大多以环山梯田方式种植为主，由于起步晚且大多植椒区地处相对偏僻，胡椒种植主推技术如胡椒标准化生产技术、主要病害如瘟病的绿色防控技术普及率不高，同时云南地区冬季低温寒害严重，导致椒园植株普遍存在经济寿命不长、单位种植面积经济效益未充分发挥等问题。近年来，广大椒农及科技工作者，为了不断提高云南胡椒种植园的利用率及经济效益，结合当地种植习惯及特点，探索出许多适合当地山区胡椒园的复合种植模式，如胡椒与咖啡、胡椒与玉米、胡椒与黄豆等间套作模式，取得了较好的效果。

通过胡椒与其他经济作物套（间）种，可以提高对光、温、水、土等资源的利用，提高复种指数，最大限度地增加种植者的收入，将农业生产中的不确定因素与风险降低至最小。

第一节　胡椒园的建立

一、园地选择

除下列措施外，其余按第五章胡椒标准化种植要求进行。

1. 海拔及地形

海拔高度以 1 200 米以内，年均温 23~27℃、月温差不超过 7℃，绝对低温高于 0℃，无霜的地区为宜；应选缓坡地的向阳面，坡度要求 25°以下。

2. 开垦

按等高开垦，修筑台地；台地面视坡度大小而定，坡度 5°以下缓坡地，台面宽 6~8.0 米，可计划种 2~3 行，每行开一条小沟。坡度 5°以上的坡地，台面宽 2.5 米左右，种 1 行；台地面要求向内倾 3°~5°，台地内侧开小沟，以利于排水和灌水，台地外缘筑 20 厘米高的地埂。

二、胡椒定植

除下列措施外，其余按第五章胡椒标准化种植要求执行。

1. 挖穴定植

按株行距（1.6~1.8）米×2.5 米，每亩种植 150~160 株，先挖定植坑

（穴），植穴长宽各 80 厘米，深 70 厘米，挖穴时要把表土和底土分开堆放，暴晒 1～2 个月后再回土。回土时注意先填入底层土，再填表层土。回填至半穴时，施入腐熟有机肥 20～30 千克，过磷酸钙（普钙）0.5～1.0 千克，与表土充分混匀踏紧，继续填入表土，做成高出地面 15～20 厘米的土堆，准备定植。

2. 定植时期

为提高胡椒定植成活率，以雨季定植为好，但不要超过 7 月底。有灌溉条件的胡椒园，在 3—4 月即可定植，定植后应特别注意保持土壤湿润和幼龄植株荫蔽。尽早定植能争取当年有较大的生长量，形成健壮的枝叶和较发达的根系，有利于幼苗安全越冬。

3. 定植方法

胡椒多采用双苗定植。定植前在离穴壁 20 厘米处插上标棍，定植时距立柱 20 厘米处挖深 30 厘米的“V”形穴，放置种苗的面成 45°的斜面，压实。两条种苗呈“八”字形摆放，两条种苗上端距离 8～10 厘米，根系紧贴斜面，分布均匀，自然伸展，种苗上端 2 节露出地面，随即盖土压紧。在种苗周围做一高出地面 15～20 厘米土兜，浇足定根水，再在上面盖上稻草或牧草、蔗叶、芒箕等荫蔽物，防止水分蒸发。把预先准备好的竹箩或笠箕、树枝等插在种苗四周，保持幼苗荫蔽。定植后 1～2 天淋水 1 次，成活后淋水次数可逐渐减少。定植一年内都要保持荫蔽，避免太阳灼伤蔓尖，引起幼苗死亡。定期检查幼苗生长情况，发现死苗要及时补种。

第二节　咖啡的定植（彩图 145）

一、种苗规格

1. 品种选择

干热地区一般选用铁皮卡、波邦、瑰夏等品种，湿热地区宜选择抗锈如卡蒂莫系列品种。选择树龄在 6 年以上、生长旺盛、果枝繁茂、叶色浓绿而有光泽、无病虫害、高产稳产、抗病性强、连续丰产 3 年以上的植株作为采种母株，选择完全成熟、果形正常、充实饱满、大小基本一致（采后鲜果用冷水浮选，弃除漂浮果）的果实。

2. 催芽

播种前把种子放在不超过 40℃水中浸泡 24 小时，使种子充分吸水，以促进发芽。在沙床上均匀地撒上一层种子，用中粗河沙盖上，再盖上一层喷过杀菌剂的稻草，防止浇水时冲刷种子，还可以起到保水保温的作用。

3. 移苗

提前一天把营养袋中的土壤浇透。如果幼苗主根长可剪去 1/5，栽于袋中央，深至根茎交界处，切忌弯根，将土轻轻回填压实，并浇透定根水。根据 6 月龄苗/12 月龄苗的种苗标准，在定植前 1 个月拆棚练苗后，即可移栽，移栽应选择在晴天 16 时以后或阴天进行。

二、定植时间

一般在雨季开始后定植，同时要根据气候条件及灌溉条件灵活掌握，在保山以雨量较集中、丰富的 7—8 月定植为宜。选择阴天及土壤湿润时定植有利于苗木的成活。气温偏低的地区，定植宜早不宜迟，在有灌溉条件的地方 3 月气温升高后即可开始定植。立秋前结束定植。

三、定植规格

开定植沟时根据地形条件，平地或 10° 以下的缓坡地，沿等高线开挖槽。规格为人工开挖上口×深×下口＝60 厘米×50 厘米×40 厘米，表土、心土要分开，在沟内施足基肥，将表土回填，并把表土与肥料混合均匀。机械开挖选择小型挖掘机（宽 100 厘米，深 50 厘米）。根据不同品种、修剪制度、气候及土壤条件、农艺措施而定，一般株行距为 1.5 米×2.0 米（222 株/亩）。咖啡种植行位于相邻两个胡椒种植行的行间距的 1/2 处，相邻两行咖啡株与株之间呈"品"字形分布。

四、定植方法

定植苗的质量应达到《咖啡种苗》（NY/T 359—1999）的要求。用袋装苗定植，种植不宜过深，入穴时先去掉袋子再回土。非雨季定植后要及时淋透定根水，以后根据天气及土壤情况，每隔 3~5 天淋一次水。如果阳光过于强烈可适当进行覆盖和荫蔽。

第三节 玉米的定植（彩图 146）

一、品种选择

品种以耐旱的饲用或鲜食玉米为主，坡度较大的山地宜选用株型较小的鲜食玉米品种；缓坡地多选用株型适中的饲用玉米品种。

二、定植时间

一般在雨季来临前开始定植，同时要根据气候条件及灌溉条件灵活掌握，以 3—5 月定植为宜。

三、定植规格

在每个胡椒种植行的 1/3 处打塘，塘深 20~30 厘米，宽 15~20 厘米，每个胡椒种植行间可以种植 2 行玉米，玉米株行距为 0.5~1.0 米。塘打好后在塘地施入尿素或复合肥，有条件的可以施有机肥。

四、定植方法

山地玉米以点播为主，采用双粒点播为主。播种后盖上薄土，浇足水，保证种植穴全部潮湿，保证出苗。

第四节　黄豆的种植（彩图147）

一、整　地

清除杂草，平整墒面。黄豆为双子叶植物，且子叶大而肥厚，顶土能力较弱，因此精细整地，防旱排涝，避免因土壤板结或整地质量差而造成出苗不齐或缺苗断垄现象。

二、种植时间

黄豆在冷凉地区一般是夏季种植，由于干热河谷区冬温较高，可进行反季种植，种植时间在9月中旬。

三、定植方式及规格

种植方式为人工穴播，每穴2~3粒，穴距为20~25厘米，每亩种植1.2万株左右，每亩用种量为4千克。每个胡椒种植行间可以种植2行黄豆，黄豆株行距为0.3米×1.0米。

第五节　胡椒植株管理

种植胡椒有经验的农户说，"胡椒要一水、二肥、三功夫"。胡椒不同于其他作物，要想获得健壮的胡椒植株，必须保证提供精细的农业栽培措施。

一、整形修剪

1. 整形

云南胡椒种植区一般采用留蔓5~6条，剪蔓3~4次的整形方法。定植后6~8个月，新蔓生长高度达1.0米以上时，进行第一次剪蔓。在离地面20~30厘米（3~6个节）处剪蔓，保留1~2层分枝，并在切口下2~4节选留2~3条健壮的新蔓。第二、第三次剪蔓是在留下的新蔓生长高度达1.0米以上时，从前一次切口以上6~8节处剪蔓，每次剪蔓后在切口以下共选留新蔓5~6条。最后一次剪蔓后，仍保留新蔓5~6条，让其生长，直至越过支柱20~30厘米，进行封顶。封顶是将几条主蔓向支柱顶端中心靠拢，按顺序互相交叉，用麻绳将交叉点绑好，然后在交叉点以上2~3个节将主蔓顶芽剪除。采用此法整形，一般3年左右可以封顶，4年左右收获。还可以采用多次去顶的整形方法，即在第一次剪蔓后，每当新蔓生长高度达 40~50 厘米时，就从前次切口以上 4~5 节处去顶，连续去顶多次，直至封顶为止，这种方法可以使植株提前封顶。最好选雨量充足的季节剪蔓。云南胡椒植区一年可剪蔓 1~2 次，一般 5—6 月剪一次，9—10 月再剪一次。

2. 修剪

剪除徒长枝：生长势旺盛的幼龄和成龄胡椒，以及剪蔓后的幼龄胡椒，会从枝冠内部或植株基部抽生新蔓。由于缺乏光照，这些蔓生长纤细，节间长，分枝少，呈徒长状态。应在萌芽时切除，以免消耗养分。在树冠空处，可以在 1~2 节剪除，保留 1 个带分枝的节，让其填补空位，增加结果枝。

剪除送嫁枝：在第二次剪蔓后，剪除原种苗带来的送嫁枝。最后一次剪蔓以后逐步剪去植株基部 20 厘米以下贴近地面的枝条，以利于植株通风透光，便于培土和减少病虫害发生。

二、绑蔓、摘花、摘叶、放花

1. 绑蔓

绑蔓是用柔软的塑料绳在蔓的节下将几条主蔓均匀地绑于支柱上。及时绑蔓，可促进气根生长，使主蔓牢固地依附于支柱上，对株型形成作用很大。绑蔓是从新蔓抽出 3~4 个节开始，每 10~15 天绑蔓一次。绑时，一手调整和压紧主蔓，一手将塑料绳拧紧或绑好，尽量使主蔓每节都紧贴于支柱上。采插条的主蔓每节都绑，而成龄胡椒一年绑蔓 1~2 次。绑蔓应在早晨露水干后或下午进行。如发现绑绳损坏，应及时更换。

2. 摘花

胡椒苗是用插条繁殖的，随时都可开花结果，消耗养分，直接影响幼龄植株的营养生长。为集中养分促进蔓枝生长，加速圆柱形株型的形成，必须及时摘除花穗，限制开花结果。也就是说，幼龄胡椒在人为放花（留花）前长出的花，应全部摘除。成龄椒在非主花期抽出的花也应摘除，以集中养分促进主花期抽穗开花。海南气温较高，适宜留秋花；云南气温较低，适宜留夏花。其他季节抽生的花穗，一律摘除。

3. 摘叶

幼龄椒在绑蔓时应将主蔓和分枝基部的老叶摘除，使树冠内部通风透光。成龄椒在采果后放花前一个月，把枝条基部的老叶适当摘除，可促进开花结果，提高产量。

4. 放花

云南胡椒植区，冬季气温较低，春季气温回升后正是干旱季，不能满足开花结果所需的温度和湿度，以放夏花最为适宜。正常年份，6—7 月为盛花期，这时期开始进入雨季，温度、湿度都能满足胡椒开花结果的需要，因此，花期集中，开花整齐，坐果率较高；入冬时，果实处于干物质积累阶段，与灌浆期相比，果实已具备一定的抗寒能力。

三、胡椒支柱处理

高温干旱季节，水泥柱温度过高，胡椒蔓枝节部的根系容易被灼伤，严重抑制幼龄椒攀缘生长。生产实践表明，用废旧麻袋、棕皮、稻草绳等材料包裹水泥支柱，旱季经常喷水保湿，可加快幼苗上柱速度。

四、施　肥

以有机肥为主，配合适量的氮、磷、钾和微量元素肥料。不同株龄胡椒植株对营养物质的需求不同，因此，幼龄胡椒和成龄胡椒在施肥的种类、用量和方法上也有差别。

1. 幼龄椒施肥

幼龄椒主要处于抽生蔓枝、形成树冠、扩大根系阶段，施肥以氮、磷肥为主，勤施或薄施肥料。一般定植后 1~2 个月，植株恢复生长后即可施第一次肥，以施水肥为好。可用腐熟的人粪尿 1∶10 兑水浇苗，一般 1 年龄椒每 30 天左右施肥一次，每次每株施水肥 3~4 千克。随着株龄增大，施肥次数可适当减少，而用量逐年增加。如果水肥浓度不够，每担可加入 0.1 千克的尿素。每次割蔓前施一次质量好的水肥或根据植株长势加施复合肥 0.1 千克，也可结合胡椒园松土、培土等每次每株施尿素 0.1 千克、过磷酸钙 0.2~0.3 千克或复合肥 0.2~0.3 千克。冬季植株生长缓慢或停止生长，不宜施速效氮肥。11—12 月每株施火烧土 10~15 千克，硫酸钾 0.2 千克以增强树势，提高抗寒能力。

2. 成龄椒施肥

成龄椒施肥应根据其开花结果的物候期进行。云南胡椒是放夏花，每年 3 月开始采摘胡椒，4 月底结束。一般每年施肥 4 次。

（1）攻花肥（第 1 次肥）

这次施肥主要是促进开花，是获得丰产的关键。肥料以有机肥为主，配合施用适量的氮、磷、钾肥。攻花肥要及时施，肥料要充足。一般在采果后一个月左右施肥，这时期若胡椒园土壤水分不足应先灌水，以 5 月底以前完成施肥为宜。有机肥和磷肥的施用量占全年总施肥量的 80% 以上，氮和钾肥的施用量约占全年总施肥量的 40%，这次肥应重施。每株施腐熟的农家肥 15 千克，过磷酸钙 0.5 千克，尿素 0.25 千克，硫酸钾 0.25 千克或施水肥 10~20 千克，油枯 1.0 千克，复合肥 0.5 千克。在离树冠 15~20 厘米处的植株两侧挖施肥沟，沟宽 20 厘米，深 15 厘米，施肥后及时盖土，施肥后 10~15 天不下雨，要及时灌溉。

（2）辅助攻花肥（第 2 次肥）

第一次施肥后 1 个月，即 6 月下旬施第二次肥，每株施水肥 10~15 千克，尿素 0.1 千克。

（3）养果肥（第 3 次肥）

第二次施肥后 2 个月，即 8 月中下旬施第三次肥。这次施肥以氮、钾肥为主，每株施尿素 0.15 千克，硫酸钾 0.15 千克，硫酸镁 0.20~0.30 千克。

（4）养果越冬肥（第 4 次肥）

11 月施养果越冬肥，这次施肥以磷、钾肥为主，每株施过磷酸钙 0.50 千克，硫酸钾 0.20 千克，火烧土 10~15 千克。

五、灌溉和排水

1. 灌溉

云南热区，6—10 月为雨季，11 月至翌年 5 月为旱季。雨季雨量充沛，多数地区不需要灌水。旱季雨量很少，幼龄胡椒的生长减慢，甚至枯死；成龄胡椒开花结果和果实发育受到影响，严重时引起落果和凋萎，甚至整株枯死，因此，旱季需灌水 3~5 次。灌水以沟灌为宜，漫灌对土壤结构破坏较大，造成土壤侵蚀严重，表层养分流失，严重的会导致胡椒植株根系外露，同时易引起病虫害随灌水传播。

新建胡椒园，建议采用滴灌。滴灌可较沟灌省水 50%，较漫灌省水 80%，且越是干旱少雨地区，滴灌的节水效果越明显。建立滴灌系统，初期投资大，但后期容易管理，可节省大量人力、物力。

2. 排水

云南热区降雨集中，连续降雨易导致胡椒植株发生水害，雨季要做好椒园的排水工作，疏通排水沟，发现积水应及时排除。

六、园地管理

1. 松土

除结合除草进行松土外，旱季每次灌水后也应及时松土保水，减少水分蒸发。每年松土 4~5 次。

2. 培土

每年或隔年在冬春季培土一次，每次每株培土 1~2 担。幼龄椒在旱季培土，成龄椒结合施攻花肥培土。培土时先清除树冠内的枯枝落叶，在树冠内浅松土后，再将疏松肥沃的表土或山基土均匀地培于树冠下面，培成龟背形，灌水或大雨后不易造成积水。

3. 除草

椒园杂草应及时清除，建议采用生草覆盖抑制杂草。胡椒园避免使用除草剂除草。

第六节　咖啡管理

一、除草、水分管理

云南山地土壤水分以干湿两季为主要特征，大多靠自然降雨保证土壤潮湿，同时小粒种咖啡为浅根作物，建议旱季保留杂草（不遮蔽咖啡树为宜），雨季砍割杂草3~5次（不宜铲锄草根为宜）。根据小粒咖啡对水分的需求，旱季过长会影响植株的生长和开花。干旱季节长的地方，在一定程度上成为小粒咖啡生长、结实的一个限制因素。有灌溉条件可在2—5月旱季时应保证每月灌溉一次，咖啡灌溉（根据气候类型、土壤条件、品种特性、植株营养状况）确定适当的灌溉次数、比例、时间及方法，促使咖啡正常开花结果。深翻改土后改善土壤的理化性状增加土壤的持水力，形成良好的土壤条件，促使根系向土层深处生长。

二、咖啡的施肥管理

坚持"控氮、稳磷、增钾、补微"的施肥原则；坚持"有机无机相结合"的原则，在底肥的施用上应以有机肥为主，并坚持每年施用至少一次，根据测土配方在追肥的时候适当使用化学肥料；坚持平衡施肥原则和减肥增效的原则。只要土壤潮湿全年均可施化肥。一般雨季是常规施肥的最佳时期，分3次（5月、7月、9月）施完；施肥部位在咖啡树冠幅（滴水线）下环状或半环状处，挖3~5厘米浅沟均匀撒施，施后盖土。如果是半环状施肥，施肥位置每次要交换。一般在雨季来临前、开花后、枝条大量生长时，收获后4个物候期施肥为宜（表13-1）。

表13-1　咖啡树施肥管理

咖啡树龄	预计商品豆产量（千克/亩）	第一方案	第二方案		
		复合肥	尿素	普钙	氯化钾
第1年	/	150	40	40	40
第2年	/	200	60	60	60
结果树	100千克以下	300	80	70	80
	100~150千克	450	120	80	120
	100~200千克	600	160	120	160

三、修　剪

咖啡是一种需要精细管理的经济作物，合理的修枝整型使咖啡树主干通透，分枝层次分明，树冠结构合理，叶片光合作用率高，促进生长和开花结果。修枝整型是一项长期而重要的工作。无论是单干还是多干，咖啡树主干每年都抽生很多直生枝，除换干选留的直生枝外，抹除其余的直生枝。每年采摘结束后重修剪病虫枝、弱枝，保持主干通透。修剪距主干 10~15 厘米内一分枝上的枝条，选留健壮、交替对生的二分枝 2~4 条，三分枝 4~5 条，四分枝 3~4 条，其余剪除。

第七节　玉米管理

一、苗期管理（出苗至拔节）

1. 查田补苗

由于种子质量与土地质量等方面的原因，可能会导致种下的幼苗，出现不同程度的弱苗、病苗、虫苗、小苗等，其间需要经常到玉米地里进行查看，有利于及时发现幼苗出现的问题，并及时进行补苗。

2. 适时间苗、定苗

需要在三叶期进行间苗，其间要去除弱苗，然后保留壮苗，清除掉杂苗，保留齐苗与颜色一致的苗，以及去除病苗，保留健壮苗，如果间苗不及时的话，幼苗在生长阶段植株会出现拥挤的现象，导致光照不均，并且水分与养分都不充足，不利于幼苗的生长发育。

二、穗期田间管理（中期管理）

1. 中耕培土

中耕可以疏松土壤，促进植株生根发育、避免倒伏，并且方便排灌与掩埋杂草，苗期通常进行 3 次中耕，第 1 次可在幼苗 4~5 片时进行中耕，深度为 3~5 厘米，第 2 次可在幼苗长至 30 厘米左右时进行中耕，深度为 7~8 厘米，第 3 次可在拔节前进行中耕，深度为 5~6 厘米。

2. 适量追肥

在玉米大喇叭口期可以适量追肥，其间主要是为了供应穗分化对肥水的需求，并且提高中上部叶片的光合生产率，使其运送到果穗中的养分较多，促进长出来的玉米穗大、粒多，一般每亩可施 20~25 千克尿素与 5~10 千克钾肥。

三、花粒期管理（后期管理）

1. 及时排涝

在玉米生长期间，如果有遇到多雨季节，会使田间积水不退，并导致土壤氧气不足，不利于植株生长，并且容易倾倒的现象，因此要及时排水。

2. 去雄受粉

可选择在抽雄期进行去雄，每隔 1~2 行去掉 1~2 行，山地与小块地不能去雄，去雄的时候，不能带叶，不然会导致减产。

第八节　黄豆管理

一、除草中耕

第一片复叶前，除去苗眼草，不伤苗，松表土；苗高 10 厘米左右，进行第 2 次中耕；中耕 10 天左右，进行第 3 次松土，要做到深松多上土，2~3 次中耕除草后，进行一次培土。

二、施肥管理

在一般情况下，每亩施肥磷酸二铵 20 千克以上，施于种侧 4~5 厘米处，可分层施入；上层种肥深度 5~7 厘米，施肥量占 1/3；底肥深度 10~16 厘米，施肥量占 2/3。土壤缺磷时在追肥中还应补施磷肥，磷酸二铵、磷酸一铵是大豆理想的氮磷追肥。在土壤肥力水平较高的地块，不要追施氮肥。根外追肥可在盛花期或终花期。多用尿素和钼酸铵，尿素亩施 1~2 千克，磷酸二氢钾 75~100 克，加水 40~50 千克。

第十四章　胡椒矮柱密植栽培

第一节　概　述

　　胡椒主产区在海南，特别是胡椒优势区（最适宜种植区），主要位于海南的文昌、琼海、海口、万宁市县，该四市县胡椒种植面积占全国胡椒总种植面积的 80% 以上，2020 年超过了 1.9 万公顷，产量达到 3.8 万吨以上。但该四市县主要位于海南东部沿海，虽然光、热、水资源丰富，非常适合胡椒的生长发育，但也有一个十分不利的条件，即该地区台风多、雨量大，该地区降水量主要集中在每年的夏秋季节，主要依靠热带低压、热带风暴及台风等的影响带来大量的降水量。因此当地百姓普遍把每年夏秋季的降雨形象地称为"台风雨"，也就是这些地区要么就没有雨水，要么就是台风来了才会大量降雨。台风雨的最大特点就是，风力大降水量也大，这种大风大雨的影响很容易造成胡椒园土壤湿度大、土层松软，而导致胡椒支柱在强风的作用下而倾斜或倒伏，造成胡椒植株的断倒或死亡，严重影响胡椒的经济寿命和种植效益。根据胡椒生长发育特点，胡椒种植业最致命的病害就是胡椒瘟病，而胡椒瘟病最好的农业防控措施，就是防止胡椒园的积水和胡椒植株的断倒、倒伏。为了克服在我国胡椒最适宜种植区胡椒种植业的致命因素，香饮所林鸿顿等人早在 20 世纪 80 年代即研究制定了胡椒矮柱密植栽培技术，并在万宁、文昌等地试验推广，取得了良好的效果。胡椒园的矮柱密植栽培技术，不仅缩短了胡椒的非生产期（植后 1 年半，即可提前放花结果），提高了产量，还能降低胡椒种植业的劳动强度（胡椒支柱较短而容易种植，胡椒植株较矮可以无须在田间使用梯子进行操作）。

第二节　胡椒园的开垦

　　除以下措施外，其余按第五章胡椒标准化种植要求进行。

一、选择园地（同第五章胡椒标准化种植）

二、设计椒园（同第五章胡椒标准化种植）

　　胡椒易受台风、瘟病等影响，因而单个胡椒园面积不宜太大，不同地区可以根据当地实际情况设计在 5~10 亩：在海南由于台风高发频发，为减轻台风危害，单个胡椒园面积一般在 5 亩，每亩种植 270 株左右。

三、开　垦（同第五章胡椒标准化种植）

四、修排水沟（同第五章胡椒标准化种植）

五、筑梯田（同第五章胡椒标准化种植）

六、起　垄（同第五章胡椒标准化种植）

七、挖穴、施基肥和回土（同第五章胡椒标准化种植）

第三节　胡椒定植

一、定植前的准备（同第五章胡椒标准化种植）

1. 支柱的准备

胡椒矮柱密植栽培的适宜区，大多为雨量大台风多、风力大地区，为防止台风对胡椒支柱的危害，一般采用水泥支柱作为胡椒矮柱密栽培的支柱。

水泥支柱是用钢筋、水泥、沙和碎石制成，横断面是圆形、三角形、方形，而以圆形的较好。制造圆形水泥支柱的规格是长 2 米，基部直径 12 厘米，顶部直径 8 厘米，碎石（直径 1~2 厘米），水泥、沙、碎石的比例为 1：2：3。

2. 支柱竖立

定植前 1 个月，在已开垦好的胡椒园上，离已挖好种植穴壁边缘 20 厘米处，用洞揪挖一直径 15~20 厘米、深约 70 厘米圆洞，按种植规格种上胡椒支柱。胡椒矮柱密植栽培的种植规格，株行距 1.2 米×2 米，每亩种植 275 株左右，地面支柱高保持在 1.2~1.3 米。

二、定植时期（同第五章胡椒标准化种植）

三、定植方法（同第五章胡椒标准化种植）（图 10）

定植角度　　　　　双苗放置方法　　　　　单苗放置方法

图 10　定植方法

四、定植初期的管理（同第五章胡椒标准化种植）

第四节　幼龄植株管理

除修剪整形外，其余按第五章胡椒标准化种植要求进行。

一、剪蔓

应在3—4月和9—10月进行，不宜在高温干旱、低温干旱季节和雨天易发生瘟病时剪蔓，全部剪蔓应在植后1.5~2年内完成。

第1次剪蔓：定植后6~8个月、植株大部分高度约1.2米时进行。在距地面约20厘米分生有2条结果枝的上方空节处剪蔓，如分生的结果枝较高，则应进行压蔓。新蔓长出后，每条蔓切口下选留1~2条健壮的新蔓，剪除地下蔓。

第2、第3、第4次剪蔓：在选留新蔓长高1米以上时进行。在新主蔓上分生的2~3条分枝上方空节处剪蔓，每次剪蔓后都要选留高度基本一致、生长健壮的新蔓6~8条绑好，并及时剪除多余的纤弱蔓。

封顶剪蔓：最后1次剪蔓后，待新蔓生长超过支柱高25厘米时在空节处剪蔓，在支柱顶端处交叉并用尼龙绳绑好，在顶端处用铝芯胶线绑牢。

二、修芽

剪蔓后植株往往大量萌芽，抽出新蔓。应按留强去弱的原则，留6~8条粗壮、高度基本一致的主蔓，及时切除多余的芽和蔓。

三、剪除送嫁枝

降水量较大地区，可在第2次剪蔓后，新长出的枝叶能荫蔽胡椒头时剪除送嫁枝；干旱地区或保肥保水能力差的土壤种植胡椒，可保留送嫁枝。

第五节　结果植株管理

按第五章胡椒标准化种植要求进行。

第十五章 胡椒高效加工技术及设备

利用传统方法加工白胡椒，虽然具有简单易行、农户易掌握等的优点，但该方法也有以下几个方面的缺陷：①浸泡时间长，特别是在气温较低的季节，浸泡所需的时间更长，因而加工效率低；②耗水量大，并产生大量污水，从而使加工过程既浪费大量水资源又易造成环境污染；③在实际生产过程中，许多农户均采用静水浸泡胡椒，但在静水浸泡过程中许多农户由于没有及时换水或换水不彻底，或使用脏水浸泡，或为了方便脱皮而随意延长浸泡时间等原因，从而使加工出来的白胡椒产品出现腐臭味重、色泽灰暗等质量问题；④在清洗脱离的果皮时存在清洗不彻底、用水量多、劳动强度大等问题影响了胡椒产品的品质和加工效率。而传统黑胡椒加工亦存在脱粒困难、干燥时间等问题，虽然我国胡椒种植面积和产量均居世界第五位，但平均出口量只占年产量的 19.7%，出口金额只占世界的 1.83%，世界各胡椒主产国平均出口量却占其年产量的 89% 以上，这与我国现有胡椒加工方式密切相关。因此，传统白胡椒和黑胡椒的生产已不能满足目前胡椒加工规模化、产业化的发展要求。随着科技的发展，一些机械化设备也应运而生，逐渐应用到胡椒加工中，机械化标准化加工是提高胡椒生产效率、提升胡椒产品品质的有力保障。

第一节 胡椒机械化加工技术及设备

胡椒机械化加工主要体现在胡椒原料的脱粒、脱皮、干燥等工艺上，目前，国内有高校和研究所报道了胡椒加工相关设备，如浸泡设备、梗粒分离机、脱粒机、种子果皮分离设备等，这些设备能提高胡椒加工效率、解决劳动强度大等问题，香饮所胡椒科研团队在经过多年探索研究后，研发出了第一代、第二代可用于黑白胡椒加工的胡椒鲜果穗脱粒、脱皮、烘干机器，正在推广试用，可大大提高劳动效率和产品质量（彩图 148、彩图 149）。

一、胡椒浸泡设备

胡椒果皮可通过物理机械法、化学酸碱法或生物酶法结合机械法脱除。但在传统生产中常通过浸泡法使其果皮腐烂软化达到脱除目的，而浸泡这道工序多为人工操作，即首先将胡椒鲜果穗放在水中，直至胡椒果实的果皮软化，在胡椒果穗的浸泡过程中需要人工不断搅拌，以缩短胡椒鲜果的果皮软化所需要的时间。

另外，胡椒鲜实的果皮软化后，胡椒鲜果粒与果梗分开，还需用人工捞除果梗等杂物。所以此工序中，使用人工操作，劳动强度较大，工作效率较低，香饮所宗迎等公开了一种胡椒的浸泡设备，并取得了中国实用新型专利授权，该胡椒浸泡设备包括胡椒果穗进入浸泡池，浸泡池的底部设置有带孔的挡板、与鼓风机相连的气泡鼓风管和出水阀，还包括支撑浸泡池的支架和驱动装置等。在使用上述胡椒的浸泡设备对胡椒果穗进行浸泡的时候，首先将胡椒果穗置入浸泡池中，然后利用与鼓风机相连的气泡鼓风管进行鼓风，利用气泡鼓风管的风使胡椒在浸泡池中进行上下翻滚，而不必再进行人工搅拌。由于有带孔的挡板的作用，所以胡椒果穗只能留在挡板上边，而胡椒果皮软化后脱离的果梗则可以从挡板上的小孔中漏下进而从出水阀排出，不必再进行人工捞除，降低了劳动强度，提高了工作效率。该设备的结构设计可以有效地解决胡椒在浸泡过程中劳动强度较大、工作效率较低的问题（图11）。

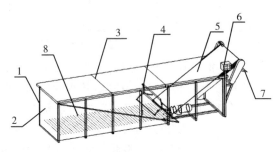

1—支架；2—浸泡池；3—保温盖；4—翻转轮；
5—输送带；6—控制箱；7—下料口；8—挡板。

图11　胡椒浸泡设备示意图

二、胡椒脱粒设备

由于胡椒为穗状花序、鲜果粒紧密附着在穗梗上，脱梗难度大，特别是尚未变红的鲜果粒，其脱梗难度更大。传统胡椒加工生产中，多采用人工实现脱梗分离，如采用棒打、脚踩、手搓等方式，这样的加工方式不仅劳动强度大，且容易造成果皮损伤、产品杂质增多、微生物指标超标等问题，影响了最后获得成品胡椒颗粒的品质，严重制约了胡椒的经济价值。

香饮所谷风林研制了一种梗粒分离设备，主要由梗粒分离机、分离振动筛、上料机和收集容器四部分组成。其中上料机将梗粒结合的胡椒鲜果穗提升并输送至梗粒分离机，梗粒分离机完成果梗和果粒的分离后将果梗果粒混合物输送至分离振动筛，分离振动筛通过自身的振动分离果粒和果梗，并由收集容器分别收集果粒和果梗进行后续加工。梗粒分离机主要由机壳、转轴、固定杆以及旋转杆等组成，机壳上的固定杆成螺旋形分布，转轴上的旋转杆竖直分布，在旋转杆带动带穗胡椒果实转动时，固定杆和旋转杆的相对转动可挤压带穗胡椒果实，由于固定杆和旋转杆间竖直间隙和胡椒果粒大小适应，通过挤压剪切就可将果粒从果梗上分离，并顺着固定杆的螺旋向下离心运动，更方便地实现撞击和摩擦，实现果粒和果梗的分离（图12）。

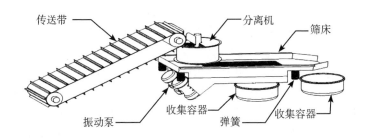

图12　胡椒鲜果穗梗粒分离设备示意图

第二节　胡椒新产品加工技术

近年来国内外在商品黑胡椒、白胡椒和青胡椒的基础上，研制出了多种胡椒新产品，其中主要有胡椒油、胡椒调味油、胡椒调味酱、胡椒油树脂等，现将这些胡椒制品介绍如下。

一、胡椒油及其加工技术

（一）定义及成分

1. 定义

胡椒油，亦称为胡椒精油，是指用蒸馏法从胡椒果实中提取出来的油状物质。其主要成分为挥发油，具有胡椒所特有的香气，风味醇香浑厚，自然清新而味苦，具有抗菌、抑菌、促进细胞生长代谢和细胞再生的作用。

2. 胡椒油的成分

胡椒油的组成成分复杂，目前最常用也是最有效的分析方法是气相色谱-质谱联用（GC-MS）技术。胡椒精油主要含有一些萜烯类物质和倍半萜烯类物质，许多国内外文献都有研究。Menon A N 等研究了印度喀拉拉邦4种黑胡椒品种，对其精油成分进行了连续三季的分析，经GC-MS分析鉴定出55个化合物，结果表明，α-蒎烯、β-蒎烯、3-蒈烯、柠檬烯、β-石竹烯和石竹烯氧化物6种成分在检出物质中所占的比例较高，说明不同种类的胡椒其精油成分存在差异。谭乐和等研究了黑、白、青3种不同加工方式胡椒的胡椒精油成分，结果表明，黑、白、青胡椒精油中分别鉴定出了29、30、31种化合物，其中3-蒈烯、柠檬烯、反式石竹烯、β-蒎烯、L-水芹烯、α-蒎烯 6 种烯类物质在 3 种胡椒精油中含量均较多，黑胡椒的反式石竹烯含量有 23.46%，青胡椒的反式石竹烯含量占 22.08%，说明不同加工方式对胡椒精油的含量和成分都有显著性影响。此外，黄菲菲等也对不同加工方式的黑胡椒的风味成分进行了分析，结果也显示加工方式对胡椒精油有影响。侯冬岩等检测出了海南黑胡椒挥发油成分共有 37 种，其中含量最高的是石竹烯占 31.66%。Errolr R. Jansz 等也研究了胡椒的不同成熟度对胡椒精油有一定影响，其结果显示斯里兰卡产胡椒在 22.5 周之内产生的胡椒精油含量最高，之后到成熟一直处于下降趋势。侯冬岩等用蒸馏-萃取法提取白胡椒和黑胡椒果挥发性物质，测得白胡椒挥发油的含量为 4.7%，黑胡椒挥发油的含量为 5.0%。用 GC-MS 法从白胡椒挥发油中分离并确定出 35 种化学成分，占总检出量的 98.9%，其中萜类化合物 23 种，占总检出量的 88.7%，其中含量较多的是菖烯（18.32%）、柠檬烯（14.36%）、石竹烯（22.49%）、β-蒎烯（7.28%）、α-橙椒烯（2.30%）。α-橙椒烯在白胡椒挥发油中未见报道。用气相色谱-质谱法（GC/MS）从黑胡椒挥发油中分离并确定出 37 种化学成分，占总检出量的 99.37%，其中含量较多的是菖烯（12.43%）、柠檬烯（8.05%）、石竹烯（31.66%）、β-蒎烯（4.14%）和可巴烯（4.89%）。其中 20 种萜类化合物，占总检出量的 29.89%；倍半萜类 8 种，占总检出量的 44.62%；倍半萜氧化物 2种，占总检出量的 4.41%。石竹烯的含量为 31.66%，比文献报道值高。李祖光等用 GC-MS 分析鉴定黑胡椒风味成分，先采用固相微萃取吸附富集黑胡椒粉的挥发性成分，然后用 GC-MS 总离子流色谱峰的峰面积进行归一化定量分析其风味成分，并对 3 种不同厂家生产的黑胡椒粉的测定结果进行了比较。采用计算机检索和人工解析各峰相应的质谱图，共鉴定出 53 种化合物。黑胡椒粉的挥发性成分主要是一些不同结构的单萜类化合物、单萜类氧化物和倍半萜类化合物，但不同厂家生产的黑胡粉的各挥发性成分的相对含量有所差别。其中 β-石竹烯、3-菖烯、β-水芹烯、胡椒烯、δ-榄香烯、β-蒎烯、α-草烯是黑胡椒的特殊风味成分。石竹烯具有较强辛辣气味，是黑胡椒特殊辛辣风味最主要的来源；3-菖烯也具有一定的辛辣味，对黑胡椒特殊辛辣风味有一定的贡献；β-水芹烯具有胡椒气味，是胡椒的特征风味成分；δ-榄香烯具有温和的木香气味；β-蒎烯具有萜烯气味。这些成分对黑胡椒特殊风味也有一定的贡献。综上所述，胡椒精油的成分含量与胡椒种类、生产区域、加工方式等有关。

（二）胡椒油的加工提取

目前，胡椒精油的提取主要以黑胡椒、白胡椒为原料，多采用水蒸气蒸馏法提取，一般需要 4 小时才能提取完全，存在提取时间长、效率低、加工成本高等问题。因此，有机溶剂提取法、超声波提取法、超临界 CO_2 萃取法等不同提取技术逐渐应用到胡椒挥发油的提取中。

1. 水蒸气提取法

现有国家标准《胡椒精油含量的测定》（GB/T 17527—2009）明确规定了白胡椒、黑胡椒等胡椒干制品中挥发油的提取方法，即采用挥发油测定装置提取胡椒精油，称取约 40 克粉末加入 1 000 毫升圆底烧瓶中，加入防爆沸玻璃珠；然后加入 400 毫升蒸馏水，回流 4 小时持 5 滴/分的蒸馏速度；蒸馏结束后待冷却到室温，读取精油体积，精确至 0.05 毫升，然后收集精油，加入适量无水硫酸钠干燥，4℃静置保存待用。国内西南民族大学的杨小艳等以水蒸气蒸馏法提取白胡椒中的挥发油，采用正交设计法，探讨了加水量、浸泡时间、蒸馏时间 3 个因素对胡椒挥发油的提取率。不同胡椒原料提取出来的胡椒精油其色泽有显著性差异，多呈澄清透明略带黄色或浅绿色，但整体香气一致，随着提取时间的延长，其黄色逐渐加深，气味略有变化。

2. 溶剂提取法

有机溶剂浸提法是根据相似相溶的原理，选择与有效成分极性相当的溶剂进行提取，以获得较大的溶解度。因此，选择合适的溶剂是溶剂浸提法的关键，常用的溶剂有甲醇、乙醇、乙酸乙酯、丙酮、三氯甲烷、二氯甲烷、正己烷、石油醚等。有机溶剂浸提法的优点是工艺简单、容易操作；缺点是有机溶剂难以完全去除，操作时间长，热敏性物质容易发生裂解，产品质量难以保证等。

海南大学陈文学等研究报道了甲醇、乙醇、丙酮、乙酸乙酯、石油醚、氯仿等提取胡椒精油的提取率，60℃的水浴锅中浸提 6 小时，过滤，放入 60℃的水浴锅中蒸发至干燥，冷却称质量，计算提取率。结果表明，各溶剂的提取率按氯仿→甲醇→丙酮→乙醇→乙酸乙酯→石油醚的顺序递减，除石油醚的提取率为 3.7% 外，其余几种溶剂的提取率都在 7%。北京市食品研究所张国宏等利用均匀设计方法进行试验方案设计，利用逐步回归分析方法并依靠计算机统计调优技术完成实验数据的统计分析工作。进行了 10 次试验，考查了粒度、温度、时间、浸提比 4 个因素的 10 个水平。确定以乙醇为溶剂，利用搅拌提取方法提取胡椒风味成分的最佳工艺条件为胡椒粒度 80 目以下、提取温度 43℃、提取时间 21 分钟、料液比 1∶4.5。鞍山师范学院赵丽娟等取海南地区白胡椒 100 克粉碎后，加 600 毫升乙醚，用同时蒸馏萃取装置，提取 4 小时，得到白胡椒挥发油乙醚溶液，加无水硫酸钠 10 克，干燥过夜。用旋转蒸发仪浓缩挥去溶剂乙醚，获得具有特殊香味的淡黄色油状液体。罗伟强等称取干燥粉碎后的胡椒粉 2 份，每份 100 克，分别用 250 毫升乙醇（95%）、乙酸乙酯进行浸取。浸取条件：室温，密封搅拌，转速 70 转/分，浸取 10 小时。将以上浸取液过滤，滤液用旋转蒸发器在 70℃以下减压蒸馏至无滤液馏出。剩余物自然挥发约 7 天，得胡椒的乙醇和乙酸乙酯提取物。

3. 超声波提取法

天然植物有效成分大多存在于细胞内，提取时需要将细胞破碎，现有的机械或化学方法有时难以取得理想的破碎效果。超声波提取可以缩短提取时间，减少溶剂用量，提高提取得率。超声波是指频率为 $2 \times 10^4 \sim 10^9$ 赫兹的声波，它与媒质间的作用可分为热学机制、机械力学机制和空化机制 3 种。超声波提取利用了超声波产生的强烈振动、高的加速度、强烈的空化效应等特殊作用。此外，根据 Sinisterra 等的研究，低强度超声不仅可使细胞周围形成微流，还可使动植物细胞产生胞内环流，从而提高了细胞膜和细胞壁的通透性，使溶剂渗透到植物的细胞中，以便使植物中的化学成分溶于溶剂中，再通过分离提纯以得到所需要的化学成分。由于超声波作用的时间和强度需要一系列实验来确定，超声波发生器工作噪声比较大，需注意防护，所以工业应用有一定困难。而且在大规模提取时效率不高，故常作为一种强化或辅助手段，超声波萃取在胡椒油萃取方面的研究较少。海南大学陈文学等通过单因素试验和正交试验分析了胡椒原料粒度、室温下溶剂浸泡时间、料液比、超声波提取时间对提取率的影响，各因素对提取效果的影响由大到小依次为原料粒度>浸泡时间>料液比>提取时间，最佳试验条件为原料粒度 60 目、浸泡时间 12 小时、料液比 1∶20、超声波提取时间 60 分钟。

4. 超临界 CO_2 萃取法

超临界 CO_2 萃取是在 CO_2 处于临界点（31℃，7 390千帕）以上时所呈现的一种高压、高密度流体状态下萃取。超临界 CO_2 流体同时具有气体和液体的性质，使其在萃取方面具有很大的优越性。在萃取过程中，与液体溶剂相比，可以更快地传质，在短时间内达到传质平衡。尤其是对固体物质中的所需成分进行萃取时，由于流体扩散系数大，黏度小，渗透性好，传质能力较传统的萃取法大为增强。其次，超临界 CO_2 的临界温度是 31℃，它的萃取温度只需稍高于 30.85℃，相当于在室温下操作，大大降低了物料热分解的可能性。而且二氧化碳无毒无味且常温常压下为气体，产品中不存在溶剂残留，更符合食品安全要求。

刘学武等用超临界流体萃取试验装置，考察了萃取压力、操作温度、胡椒颗粒度及 CO_2 流量等因素对胡椒油萃取率的影响。确定超临界 CO_2 萃取胡椒油的较佳工艺条件为萃取压力 22~26 兆帕、操作温度 39.85~49.85℃、胡椒颗粒度 30~40 目、CO_2 流量 0.3~0.4 立方米/时，胡椒油累积萃取率为 80%~90%。张国宏等研究了利用超临界二氧化碳提取黑胡椒风味成分的工艺条件，并对比了与传统提取方法之间的不同。结果表明，在该条件下利用二氧化碳作为萃取溶剂所得的胡椒风味成分提取物，其提取率及品质均优于传统的提取方法，产品理化指标达到国外标准的要求。

Harcharan Singh 等研究了超临界 CO_2 萃取沙捞越黑胡椒油的最佳工艺条件，重点考察了压力对萃取率的影响。研究发现超临界 CO_2 在 40℃，压力分别为 16

兆帕和 20 兆帕的条件下，萃取沙捞越的整粒低密度胡椒，先萃取出的是精油（轻分馏组分），然后是油树脂（重分馏组分）。萃取出的胡椒油在 16 兆帕压力下，溶解度是 4.29×10^{-3} 克油/克 CO_2，在 20 兆帕下是 6.67×10^{-3} 克油/克 CO_2。磨碎的胡椒油具有显著高的溶解度。加大系统压力能增加胡椒油的溶解度，是由 CO_2 密度的增加造成的。

二、胡椒调味油及其加工技术

（一）定义

胡椒调味油是以食用油为油质载体，采用油脂萃取工艺制成的一种调味油，风味独特，可供直接烹调用，如凉拌菜。与其他粉状、酱状的调味品相比，因其脂溶性的香味成分保留较好，增香效果好，在调味品中有独特的优势，因而有一定的发展前景。

（二）胡椒调味油的制作

目前，胡椒调味油的生产制作方法，可分为直接浸提法与间接复配法。

1. 直接浸提法

直接浸提法是用基础油作溶剂，经特定工艺条件与过程，直接抽提与转化香辛料风味物质成分后，经分离勾兑而成。过程简易，产品营养与风味更为丰富，但产品风味受浸制条件与过程影响，确定与调控相关因素是保证调味油质量的关键。一般需要经过以下步骤：胡椒粒去杂筛选→粉碎；大豆色拉油→加热至不同温度→将胡椒粉倒入热油中浸提→自然降温浸提→过滤→精制→胡椒调味油→包装。

海南大学陈文学等人以白胡椒粉和大豆色拉油为主要原料，制备风味独特的食用调味油，采用响应面法优化调味油的工艺参数，得出最佳工艺条件：温度为 121.92℃、胡椒粉含量为 7.05%、保温时间为 28.40 分钟。四川大学周书来等人研究报道了山胡椒调味油的加工工艺，即山胡椒和大豆色拉油为主要原料，配以花椒、干辣椒等辅料，制备风味独特的山胡椒调味油，山胡椒经过除杂清洗沥干后进行适当碾压后加入 3% 食盐拌匀后备用，食用油加热熬熟，期间加入适量的大蒜、生姜过滤后调至不同温度再加入山胡椒熬制一段时间，自然降温浸提 24 小时，即得山胡椒调味油。山胡椒调味油的最优工艺条件为：香辛料与油的比例 1∶150，山胡椒与油的比例 1∶3，浸提温度 125℃，浸提时间 30 分钟。制得的山胡椒调味油色泽金黄，香气浓郁，滋味突出，能够满足消费者的调味需求。刘红等人以胡椒粉和大豆色拉油为主要原料制备风味独特的食用调味油分析胡椒原料粒度、浸提温度以及质量比对胡椒调味油产品品质的影响，通过正交实验以及模糊综合评判法进行胡椒调味油的感官评价，确定了胡椒调味油加工工艺的两个主要影响因素是：胡椒粉与食用油的质量比与胡椒原料粒度，胡椒调味油制备的最佳工艺条件为以 40 目胡椒为原料，浸提温度为130℃，质量比为1∶6（克/克）。该工艺条件下制备的胡椒调味油各项质量标准均达到国家食用油标准。

2. 间接复配法

间接复配法通过溶剂将香辛料风味物质提取出后，再与基础油勾兑配制而成，过程复杂成本偏高，可能存在溶剂残留等安全隐患，有效成分损失大，缺少直浸法产品的特有香气。

海南田绿园高新技术发展有限公司林小明等公开发明了一种胡椒调味油及其制备方法，其胡椒调味油是由胡椒经化学溶剂浸提，然后经蒸馏分离出化学有机溶剂，将所得到的胡椒油树脂按一定比例与食用调和油进行配制成胡椒调味油。刘红等公开发明了一种胡椒调味油及其制备方法，即以间接复配法加工而成，其通过生物酶法先将胡椒果实处理后再通过乙醇溶剂将胡椒油树脂提取出来，以食用油和胡椒油树脂的质量比1∶25的比例进行调配，然后加入蒸馏单甘酯油包水型乳化剂进行乳化均值，最后低温灭菌后得到胡椒调味油，该调味油整体澄清透明呈黄绿色，香气浓郁，且具有胡椒辛辣味。

三、胡椒碱及其加工技术

（一）定义

胡椒碱是胡椒中重要生物活性物质，为桂皮酰胺类生物碱，纯品为无色单斜棱柱状晶体，熔点130~133℃，胡椒碱不仅赋予胡椒强烈的辛辣味，而且具有抗炎镇痛、抗抑郁、抗肿瘤、健胃、抑菌、降血糖、肝保护作用和促进药物代谢等作用，胡椒碱对羟基有较好的清除作用，还可作为抗氧化剂。同时胡椒碱也被证明可以提高四环素、链霉素、异烟肼和乙胺丁醇等药物的生物利用度。目前研究报道胡椒碱有4种同分异构体：胡椒碱、异胡椒碱、胡椒脂碱、异胡椒脂碱（图13至图16），其中胡椒碱的含量最高，生物活性最强。由于胡椒碱的功能作用，无论是食品工业还是医药工业中都需要更高纯度的胡椒碱，因此，开发出纯度更高、质量好、产率高、成本低的天然胡椒碱产品进入世界市场，将有利于发展中国的胡椒产业，对提高农产品的经济价值和综合利用率等都有着重要的意义。

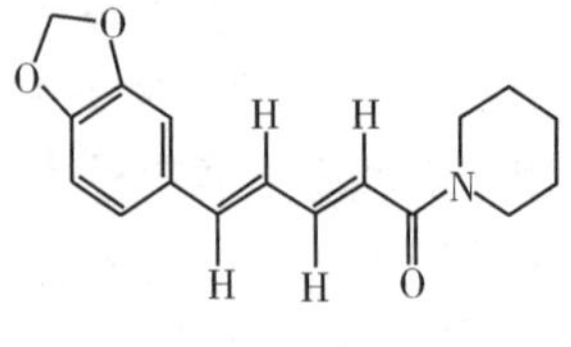

图13　胡椒碱

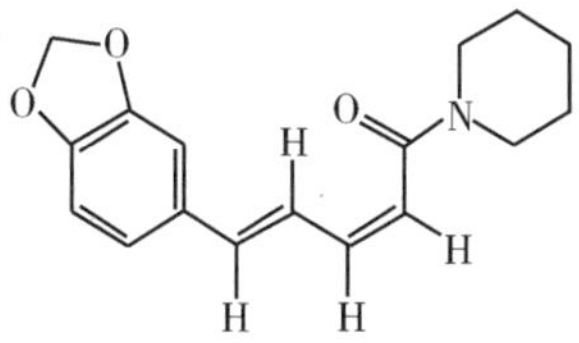

图 14　异胡椒碱

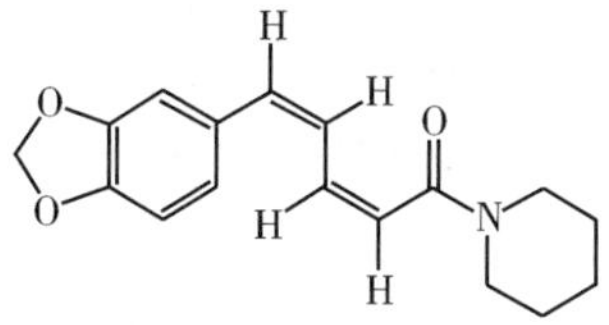

图 15　胡椒脂碱

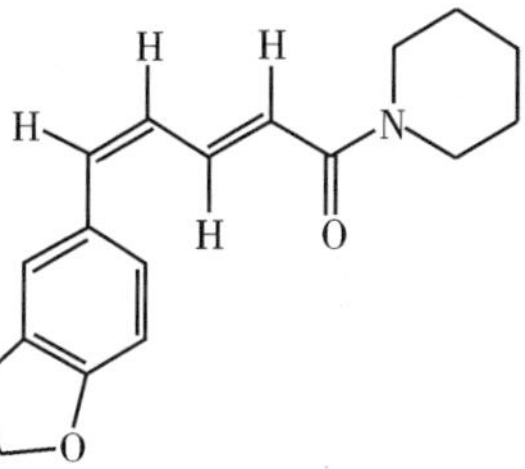

图 16　异胡椒脂碱

（二）胡椒碱加工技术

目前胡椒碱的提取方法主要有有机溶剂提取法和酸水解法等，胡椒碱的含量测定方法主要有高效液相色谱法、紫外分光光度法和薄层色谱法等。

1. 超临界流体萃取

超临界流体（SFE）特别适合富含生物活性的天然物质的提取分离，它是以超临界流体作为萃取媒介，利用超临界流体的溶剂化效应溶解待分离的液体或固体混合物，然后通过减压或调解温度来降低其密度，从而降低其溶剂能力，使萃取物得到分离。SFE 因具有分离工艺简单、萃取效率高等特点而被广泛应用到食品、医药和化工领域等，其中以 CO_2 为溶剂的 SFE 技术因其对有机物溶解能力强、选择性好，且 CO_2 无毒、惰性、易得，已成为 SFE 技术中最为重要的研究和应用技术。

Andrade 等采用超临界 CO_2 法提取胡椒中的胡椒碱，研究表明最佳提取工艺条件为：提取温度为 40℃，压力为 200 巴，无水乙醇添加量为 7.5%（V∶V），

CO_2 恒定溶剂流速为（8±2）克/分钟。Dutta 等利用超临界 CO_2 法提取胡椒中的胡椒碱，从 20 克平均粒径为 0.42 毫米的胡椒粉中提取胡椒碱的最佳条件为：提取温度为 60℃，压力为 300 巴，提取时间为 45 分钟，CO_2 流量为 2 升/分钟。Grinevicius 等采用超临界 CO_2 法从黑胡椒中提取抗肿瘤活性物质，研究表明，其主要成分为胡椒碱和萜类化合物，当提取温度为 40℃，压力为 200 巴，CO_2 流量为（8±2）克/分钟时，提取物的抗肿瘤活性最高，此时提取物中胡椒碱的含量也最高（6.035±0.014）％。晨光生物科技集团股份有限公司李凤飞等人公开发明了一种高纯胡椒碱的生产方法——采用超临界 CO_2 流体萃取，即先用超临界 CO_2 流体萃取胡椒原料的精油，然后萃取胡椒油树脂，萃取过程中采用乙醇和水混合溶剂作为夹带剂，将胡椒油树脂和食用油混合纯化胡椒碱，最后用食用酒精及变形酒精纯化即可得到高纯胡椒碱。

Dutta 等利用 α-淀粉酶辅助超临界二氧化碳提取技术提取黑胡椒中的胡椒碱，研究对比了酶添加前后胡椒碱提取物产率的变化，并在分批和连续模式下进行优化实验。研究表明最佳酶配比为：酶量：黑胡椒粉 = 1：5 000，时间为 2.25 小时，CO_2 流量为 2 升/分钟。在连续模式下，酶的比活性提高了 2.13 倍，批量模式呈现 1.25 倍增加，同时胡椒碱提取物的产率均有明显增长。

2. 酶法提取

酶法提取中草药活性物质是提取工艺的一大发展，近年来酶技术在植物有效成分提取方面的研究已有不少，其中纤维素酶的应用最为广泛，效果也较为显著。植物细胞壁的主要成分为纤维素和果胶，添加纤维素酶能有效地破坏细胞壁，从而有利于细胞中的活性成分的溶出。利用超声辅助酶法可进一步强化纤维素的酶解作用，提高目标物质的提取率。刘笑等利用纤维素酶提取白胡椒中的胡椒碱，在单因素试验基础上进行条件优化，确定 3.0 克白胡椒粉中提取胡椒碱的最佳工艺：纤维素酶为 6 毫克，酶解温度为 50℃，酶解液 pH 值为 7，时间为 6 小时，此条件下提取物中胡椒碱的含量可达 5.29％。

3. 有机溶剂法

胡椒碱几乎不溶于水，微溶于乙酸，可溶于苯或醋酸，易溶于氯仿和乙醇，因此可用有机溶剂法萃取。徐士明等利用 85％的乙醇提取胡椒中的胡椒碱，确定最佳工艺条件为：回流提取 2 次，乙醇（体积）：胡椒（质量）为 10：1，滤液合并，浓缩，动态冷却结晶，无水乙醇多次结晶，提取的胡椒碱纯度大于 98％。Subramanian 等用甲醇作为萃取溶剂，利用索氏抽提技术提取胡椒中的胡椒碱，测得粗胡椒碱的含量为 3.80％。海南绿田园高新技术发展有限公司林小明等公开发明了一种胡椒碱制备方法，即将胡椒干果经过粉碎后加入两种或两种以上的混合有机溶剂机械搅拌 1～6 小时后进行过滤，滤液置于蒸馏釜蒸馏分离出有机溶剂，浓缩物即为较高比例胡椒碱的胡椒油树脂，将该浓缩物采用降温冷却使胡椒碱结晶析出，所得粗结晶再采用二氯乙烯或乙酸乙酯进行多次重结晶即可得到纯度大于95%的胡椒碱。

　　超声波辅助有机溶剂萃取法是一种现代的分离方法。超声波的空化作用会产生极大压力，提高细胞壁的通透性，有助于细胞中有效成分的迅速释放。同时超声的振动效应和热效应可增加传质系数，增大溶质的接触面积，进而增加溶质的溶解度。该法具有时间短、效率高和常温即可进行的优点，被广泛应用于天然物料的提取分离。Rathod等采用超声辅助有机溶剂法从胡椒中提取胡椒碱，用乙醇作为提取溶剂，提取时间18分钟，料液比为1∶10，超声功率为125瓦，超声频率为25千赫兹，温度为50℃。研究表明，胡椒碱的提取效率比传统的有机溶剂提取法要高。陈盛余等采用超声波辅助有机溶剂萃取法从胡椒中提取胡椒碱，最佳工艺条件为：乙醇体积分数为95%，提取时间为45分钟，提取温度为70℃，料液比1∶30（克∶毫升）。此条件下，提取物中胡椒碱的含量可达6.12%。

　　微波辅助有机溶剂提取法的原理是以溶液内的离子和分子接受微波辐射获得能量而升温为基础，从而提高溶质进入溶剂的能力，此方法的优点是耗能低、时间短、效率高并可节省萃取剂的使用量。王友志等采用微波辅助有机溶剂法提取胡椒中的胡椒碱，确定最佳提取工艺为：乙醇浓度为80%，微波功率为500瓦，提取时间为60分钟，提取温度为55℃，料液比80∶50，此条件下提取物中胡椒碱的含量可达4.12%。

　　超声波–微波协同萃取仪中设有冷凝装置，可以极大提高胡椒碱中胡椒油树脂的得率，减少其挥发性成分的损失。吴桂苹等以黑胡椒为主要原料，研究热回流提取、索氏抽提和超声波–微波辅助等提取方法对胡椒油树脂得率的影响，并用HPLC分析测定胡椒碱的含量。结果表明，不同提取方法所得胡椒油树脂及胡椒碱含量有显著性差异，其中超声波–微波协同萃取法得到的胡椒油树脂的得率最高。

　　4. 酸水解法

　　胡椒碱几乎不溶于水，微溶于乙酸，可溶于苯或醋酸，在水中加入酸使得胡椒碱转化为相应的胡椒碱盐溶解于水中，从而被提取出来。Aziz等采用醋酸作为提取溶液从黑胡椒中提取胡椒碱，15克黑胡椒使用500克溶剂，提取物中胡椒碱的含量可达3.0%。暨南大学黄雪松公开发明了一种胡椒碱的生产方法，其将酸性溶液与含有胡椒碱的原料混匀放置24小时后加入酸性溶剂继续浸泡溶解2~8小时，然后将混合物中的液相和固相进行分离得到浸提液，将浸提液流过吸附树脂色谱柱，吸附至有胡椒碱流出时停止加浸提液，用洗脱溶剂洗脱被吸附的胡椒碱，胡椒碱洗脱液经真空浓缩回收有机溶剂得胡椒碱浓缩物，然后将胡椒碱浓缩物溶解，加入晶种结晶，再重结晶可得到纯度大于98%的胡椒碱结晶体。

　　南京泽朗生物科技有限公司杨成东公开发明了一种胡椒碱的提取方法，此法

是在溶剂提取的基础上再用酸进行溶解和纯化，具体方法如下：称取胡椒原料
5.00 克，量取 30%~70% 体积分数的乙醇溶液加入其中，控制水浴温度 40~60℃
加热回流提取。提取 30 分钟后，滤取提取液，残渣再如上法提取 2 次。合并 3
次滤液，进行减压浓缩，回收乙醇，浓缩至浸膏状之后，加体积分数 5% 的稀
HCl 溶解，充分摇匀后过滤。滤液逐滴加入体积分数 30%~40% 的浓氨水调节 pH
值，并搅拌。在碱化液中加入氯仿，充分搅匀，装入分液漏斗，待静置分层后，
放出氯仿层，再用氯仿反复萃取 3~5 次。合并萃取液，加适量无水硫酸钠脱水
过滤。滤液再减压浓缩，回收氯仿与氨水的混合液，至浸膏状，得到胡椒碱成
品。该方法提取纯度高，产品品质好。

四、胡椒油树脂及其加工技术

（一）定义

胡椒油树脂是指采用有机溶剂将胡椒中的风味活性物质提取出来，然后将有
机溶剂除去后得到的黏稠、颜色较深的膏状物。胡椒油树脂既包含了胡椒中的挥
发性成分——胡椒挥发油，还包含一些不挥发的脂肪、色素、胡椒碱和其他溶于
有机溶剂的物质，其中不挥发性成分不仅能够起到逼真的呈香作用，而且对挥发
油也起到了天然的定香作用，具有浓烈逼真的香味，能够最大限度地保持香辛料
的风味。2003 年胡椒油树脂被中华人民共和国卫生部批准为一种食品添加剂
（FEMA：2846、2852）（中华人民共和国卫生部公告 2003 年第 4 号）。胡椒油树
脂浓缩了胡椒的营养成分和药用成分，香气浓郁，并保持着胡椒特有的香味、风
味和辛辣，少量使用即可达到增香调味的目的，广泛用于饮（食）品加工业，
可作为饮（食）品的香料添加剂、保鲜和防腐剂，如作为香肠、罐头食物、汤、
调味汁、饮料和烈性酒等的调配香料。胡椒油树脂具有抑菌、抗腐蚀功能，不易
氧化降解，风味损失较慢，货架期长，稳定且耐储藏等优点。在食品行业中，人
们逐渐用胡椒油树脂代替胡椒粉和胡椒粒等初级加工产品。

（二）胡椒油树脂加工技术

1. 有机溶剂浸提法

有机溶剂浸提法是胡椒油树脂的提取常用方法，主要为乙醇、丙酮、乙酸乙
酯或乙烯二氯化合物等。大多数研究者将黑胡椒作为原料提取黑胡椒油树脂。大
多数研究者将黑胡椒作为原料提取黑胡椒油树脂。P. Borges 等采用乙醇萃取法提
取黑胡椒中的油树脂，胡椒油树脂得率为 13.2%，油树脂中胡椒碱含量为
33.3%。周雪敏等采用响应面法优化黑胡椒油树脂乙醇浸提工艺，优化结果为温
度 56℃、提取时间 8 小时、料液比 1：16.6 克/毫升，油树脂得率 10.86%，胡椒
碱含量 38.73%。周叶燕等对胡椒油树脂进行中试实验其得率达 12.69%，其胡椒
碱含量为原料重量的 4.780%。全其根等利用正交试验的方法，采用微波热回流

提取油树脂，油树脂得率为 5.90%，胡椒碱提取率为 13.56%。

天津春发食品配料有限公司毕燕芳等公开发明了一种黑胡椒油树脂的方法，将黑胡椒粉碎过筛后，用多功能提取罐加 80%~95% 乙醇浸泡 1 小时后，加热至 70~80℃提取 1~8 小时，过滤并收集滤液后滤渣重复提取一次，并合并滤液真空浓缩后，向浓缩液中加入其重量 1‰~5‰ 黄原胶，均质即得黑胡椒油树脂。

2. 超声波辅助溶剂提取

超声波辅助溶剂提取能缩短浸提时间和减少了萃取剂的使用成本。李平凡等研究超声法提取胡椒油树脂，对比了水浴和超声波法，测得水浴法提取胡椒油树脂得率为 10.10%，超声波法得率在 10.90% 以下。方杰等采用超声波辅助法测得胡椒油树脂最高得率为 10.28%。

香饮所吴桂苹等于 2012 年公开发明了一种胡椒油树脂的制作方法，基于场效应加速的溶剂法，主要采用室温-程序增压，结合超声波-微波协同萃取法将胡椒中的风味物质快速提取出来，压力范围为 6~8 巴，增压萃取时间为 10~30 分钟，超声波功率为 50 瓦，频率为 40 千赫兹，微波功率为 70~500 瓦，微波频率为 2 450 兆赫兹，协同萃取时间为 10~20 分钟，再经过滤、脱除溶剂、干燥等工艺制得胡椒油树脂，胡椒油树脂得率可达到 17.23%，其中胡椒碱含量高达 46.8%。

3. 生物酶法提取

采用果胶酶等生物酶对胡椒果实进行预处理，能快速分解构成细胞壁的果胶，加快胡椒碱和胡椒精油等成分溶出细胞的速率，从而提高提取效率缩短提取时间。刘红等即采用纤维素酶和果胶酶对低温粉碎所得胡椒粉在 37℃酶解 4 小时后获得酶解产物，再与乙醇水溶液混合后采用动态多级逆流萃取、真空低温浓缩、微波真空干燥即得胡椒油树脂。所得胡椒油树脂中胡椒碱含量为 45%~48%，胡椒精油含量为 24%~28%。

五、胡椒调味酱及其加工技术

（一）定义

我国酱类产品的发展历史源远流长，至今已有数千年。复合调味酱作为调味品行业中的一个品类，随着全行业的快速发展，逐渐表现出快速增长的趋势，在进一步改进调味酱生产工艺、增加生产品种、提高产品质量上有所突破，并逐步向营养、卫生、方便、适口和多样化的方面发展。《调味品分类》（GB/T 20903—2007）中对复合调味酱明确定义：以两种或两种以上的调味品为主要原料，添加或不添加其他辅料，加工而成的呈酱状的复合调味料。

（二）胡椒调味酱加工技术

目前，国内外市场上流通的胡椒调味酱有青胡椒酱、黑胡椒酱、胡椒风味调味酱等产品，这些调味酱区别在于原料、辅料以及加工工艺略有不同，风味也各异，可直接用于炒、拌、焖、煮等烹调。胡椒调味酱基本生产工艺流程主要包括以下步骤：原材筛选→破碎→油炸生香→低温研磨→护色配料→混合均质→装罐密封→杀菌处理→冷却→包装成品。具体加工技术如下。

1. 青胡椒调味酱

青胡椒调味酱主要以青胡椒为原料，添加一些人们喜爱食用的配料，包括花生、黑芝麻、麦芽糊精、花椒、青芥末酱、大蒜、食盐、味精、维生素 C 等，这些物质使调味酱具有令人喜爱的香气和滋味，同时也具有一些营养功能。

香饮所王庆煌等公开发明了一种青胡椒调味酱及其制作方法，以八成熟的青胡椒粒为原料，40 份青胡椒粒、50 份花生、8 份黑芝麻和 2 份花椒分别经过一定程度的大豆油炒生香，加入 120 份温水和 3 份青芥末酱、6 份大蒜、12 份葱、8 份食盐、2 份味精、0.5 份维生素 C 混合研磨至一定细度，加入 1 份麦芽糊精调风味，并再次研磨，最后经 121℃杀菌 20 分钟后冷却包装即成。

陈文学等以青胡椒为主要原料，研究了护色、配方、稳定性等工艺条件，确定青胡椒酱的最佳配方；并以大豆和胡椒为基础原材料，采用固态低盐发酵法，生产胡椒风味调味酱。

2. 黑胡椒调味酱

佛山市珂莎巴科技有限公司黄永乐公开发明了一种黑胡椒酱及其制备方法，包括黑胡椒粉、白胡椒粉木耳、土豆、干菇、枸杞、生蒜、肉桂粉、淀粉、植物油、食盐、蜂蜜等原辅料。其主要操作要点如下。

第一步将 30 份木耳和 40 份土豆洗净、切粒经干燥后混合备用。

第二步将 16 份香菇、平菇、杏鲍菇和 8 份枸杞研磨成粉状备用。

第三步将 6 份生蒜切碎成蒜蓉，干燥后备用。

第四步预热炒锅后按原来重量份配比一次加入大豆油、干菇等混合粉料和木耳等混合粒料，翻炒 8 分钟。

第五步将淀粉经水勾芡后与黑胡椒粉、白胡椒粉、肉桂粉一同加入至炒锅中，翻炒 8 分钟。

第六步加入生蒜蓉、食盐和蜂蜜，控制炒锅温度 85~90℃继续搅拌 3 分钟，冷却、杀菌得成品。

3. 胡椒风味豆瓣酱

豆瓣酱是调味品中比较常用的调料，其主要是通过黄豆、食盐、辣椒等酿制而成。宁夏宁杨清真食品有限公司杨海军等公开发明了一种胡椒风味豆瓣酱，其主要操作要点如下。

第一步将胡椒在 100℃炒锅内炒制 10 分钟，然后粉碎成粒度为 300 目的胡椒粉备用。

　　第二步向熬制锅内加入水 1 500 克，烧开，加入 50 克胡椒、30 克花椒、30 克八角、30 克姜片和 10 克橙皮浸泡 5 小时左右，捞出调料，剩余的水中加入开水重量的 18%的碘盐，制成调料盐水备用。

　　第三步将新鲜辣椒去蒂，破碎成辣椒块，取 24 500 克辣椒块和 74 500 克黄豆，混合均匀后加入 150 克胡椒粉，再加入调配好的调料盐水，于发酵池发酵，温度控制在 25~35℃，发酵过程中每天进行两次翻搅，发酵 50~70 天，灌装灭菌即成胡椒风味豆瓣酱。

第十六章　三产融合胡椒绿色高效生产

一、背　景

胡椒原产于印度，我国胡椒最早引种于 1947 年，主要种植区域在海南、云南两省，总种植面积仅约 2.6 万公顷，年总产量 4 万多吨，约占世界年均消费量的 10%左右，与我国年均消费量基本持平，但随着我国加入东盟自由贸易区及世贸组织以来，受国际市场的影响，我国胡椒的市场价格处于激烈波动状态，价格波动区间在 20~120 元/千克，造成我国胡椒产业经济效益极不稳定。

香饮所自 20 世纪 50 年代开始胡椒的引种、试种、丰产栽培、病虫害防控、产品初加工、技术推广等产业化配套技术研究，主推技术覆盖率遍及我国胡椒主要种植区，特别是在海南各胡椒主要种植区的技术人员通过各种方式大多得到香饮所技术培训和指导，香饮所本身也在 20 世纪 80 年代通过胡椒的种植及技术推广得到良好的发展，经济效益显著。但进入 20 世纪 90 年代以后，由于国际市场胡椒价格的影响，我国胡椒市场价格进入低谷期，从 1990—2005 年，国内胡椒市场价格平均在 10~30 元/千克区间内徘徊，有时甚至低至 6 元/千克左右，广大胡椒种植户苦不堪言，香饮所彼时也因此而一度陷入困境，2004 年时任国务院总理温家宝，还特意回信批示解决"海南琼海市民何君镇反映的关于海南胡椒价格低造成椒农经济收入低的问题"。香饮所广大科技人员急市场之需，经过长期的市场调查和论证，根据胡椒等特色热带作物的特点：产品食用性广、功能独特、风味特殊、资源特性强、作物知识普及率不高、市场需求潜力大等，研究制定了依托海南独特的旅游资源优势，创建以特色热带作物为依托，融"科学研究、产品开发、科普示范"三位一体的胡椒等特色热带作物三产融合发展模式，构建了依托香饮所从事胡椒等特色热带作物科学研究，提供了胡椒等特色热带作物产品开发基础，建立了从事产品开发的特色热带作物中试加工厂，成立了海南兴科热带作物工程技术有限公司，以科学研究、产品开发形成的特色资源为基础，构建了以科普示范为主营业务的特色旅游景区——兴隆热带植物园，形成了胡椒等特色热带作物的绿色高效生产模式。

二、科学研究为三产融合提供坚实的技术基础

香饮所隶属农业农村部中国热带农业科学院，为副局级公益性农业科研事业单位。创建于 1957 年，原名为"华南热带作物科学研究院兴隆试验站"；1993

年更名为"华南热带作物科学研究院热带香料饮料作物研究所";2002年更名为"香饮所"(彩图150)。

香饮所是我国唯一从事热带香辛饮料作物应用基础研究、应用研究和重大关键技术研究的公益性农业科研机构,主要承担热带香辛饮料特色作物(植物)应用基础研究、应用研究和重大关键技术研究;热带香辛饮料作物、功能型热带植物、典型热带水果等名优、特、新、稀作物(植物)种质资源收集保存与创新利用;科技成果转化和技术集成、示范与推广;热带香辛饮料等特色作物重要病、虫、草、鼠害预防与控制研究;热带农业循环经济研究、观光农业开发与科普教育等职责。拥有国家重要热带作物工程技术研究中心、国家热带香料饮料作物种质资源圃、农业农村部万宁胡椒种质资源圃、国家热带植物种质资源库香料饮料种质资源分库、国家热带植物种质资源库木本粮食种质资源分库、农业农村部香辛饮料作物遗传资源利用重点实验室、海南省热带香辛饮料作物遗传改良与品质调控重点实验室、海南省特色热带作物适宜性加工与品质控制重点实验室、海南省热带香料饮料作物工程技术研究中心、中国热科院哥斯达黎加热带饮料作物种质资源保护利用实验室、海南省院士工作站、海南省院士团队创新中心、海南省热带香料饮料作物"海智计划"工作站、"候鸟"人才工作站、海南省农业科技110香料饮料专业服务站。

香饮所位于海南省东南部万宁市兴隆华侨旅游经济区,占地面积近千亩,现有在岗职工107人,其中科技人员75人(高级职称37人,研究生学历人员55人)。建所以来,已取得科研成果150多项,其中获国家级、省部级成果奖励43项;制定技术标准49项;发表论文900余篇、出版专著57部;研制出特色热带香料饮料作物产品12大系列140多种规格,申请并获授权发明专利66项、实用新型专利11项。采用"科研院所+农户""科研院所+公司+农户"等模式,向热区推广应用热带香料饮料作物种植与加工技术成果,已建立生产技术指导点、示范基地30多个,成果转化率90%以上,社会经济效益显著,获农业农村部科技成果转化一等奖、二等奖,起到良好的示范、辐射与带动作用,为我国热带香料饮料作物产业持续发展提供强有力的科技支撑。

香饮所是我国唯一的、也是最早从事胡椒产业化配套技术研究的国家级科研机构,现有从事胡椒种质资源收集保存及创新利用、耕作栽培、病虫害绿色防控、产品初加工及精深加工、新产品研发等全产业研究体系研究的硕士或高级技术职称以上科技人员30多人,配备有种质资源、耕作栽培、病虫害绿色防控、产品加工实验室。其中在胡椒产业技术研方面取得以下成效:建有国家级"万宁胡椒种质资源圃"1个、审定胡椒新品种1个,发布胡椒新种2个,建立试验基地100多亩,取得省部级以上科技奖励10多项,其中一等奖3项,发明专利20项,实用新型专利6项,发布行业标准9项,地方标准9项,团体(企业标准）4 项，主推技术 2 项，发表论文 247 篇，其中 SCI 论文 19 篇。这些丰硕的科研成果及资源，为胡椒的三产融合发展提供了坚实的技术基础。

三、产品开发为三产融合搭建桥梁

利用香饮所的科技优势，建立中试加工厂，成立海南兴科热带作物工程技术有限公司，专业从事胡椒等特色热带作物产品的研发及中试生产，延长胡椒等特色热带作物产品的产业链，既提高了胡椒等特色热带作物产品的附加值，也为普及胡椒等特色热带作物科学知识提供了样板。

海南兴科热带作物工程技术有限公司始建于 20 世纪 90 年代，坐落于海南省万宁市兴隆热带植物园内，隶属农业农村部香饮所，是一家集热带特色植物资源科技创新、产品研发、定制生产、技术服务及市场化销售于一体的国家高新技术企业和知识产权优势企业。

公司现有员工 100 多人，其中研发团队具有高级职称 7 人、硕博士 13 人，研发实力雄厚。依托国家重要热带作物工程技术研究中心、海南省热带香料饮料作物工程技术研究中心等国家、省部级研发平台，获授权发明专利 50 多项，获省部级以上科技奖励 43 项。建有热带特色作物产品中试基地 15 000 多平方米，中试生产线 8 条，研发及生产设备 700 多台（套）。

公司现已通过 ISO 9001 质量管理体系认证、知识产权管理体系认证及出口食品生产企业备案证明，研制出兴隆咖啡、即冲饮品、香辛（胡椒）调味品、特色茶、风味巧克力、植物精油香氛等 12 大系列 140 多种科技产品。"兴科"商标连续 3 次荣获海南省著名商标，"兴科"产品多次荣获海南省名牌产品、中国国际高新技术成果交易会优秀产品奖、中国特色旅游商品大赛银奖、海南省消费者协会可信商品等荣誉称号（彩图 151 至彩图 154）。

四、科普示范为三产融合提供良好的平台和市场资源

在上述科学研究及产品开发积累了大量优势资源的基础上，20 世纪 90 年代中期，香饮所充分利用海南建省办经济大特区以及生态建省、大力发展海南特色旅游产业的良好契机，充分利用香饮所经过多年积累的特色热带植物资源及科技人才、成果优势，开发建设具有典型热带农业特色的旅游农业示范点——兴隆热带植物园，既为海南特色热带农业产业找到良好的市场开发模式，也为海南旅游产业提供优质的特色资源。

兴隆热带植物园位于海南省著名风景旅游区兴隆温泉旅游区内，占地面积 42 公顷，距海口市 176 千米，距三亚市 97 千米；这里东临南海、属典型热带季风气候，适宜于各种热带亚热带植物的生长发育；由于兴隆独特的地理位置和气候条件，1957 年香饮所选定这里作为国内外热带亚热带作物（植物）种质资源收集保存及创新利用的重要基地。

经过综合分析，兴隆热带植物园确立了以国内旅游团队为目标市场，运用休闲农业基本原理，按照科普体验型休闲农业设计思路，制定以热带香料饮料作物作为核心，特色热带植物资源及科研成果等为依托的发展思路，将兴隆热带植物园划分为五大功能区：植物观赏区、试验示范区、科技研发区、立体种养区和生态休闲区；将植物资源分为 12 大类：热带香辛料植物、热带饮料植物、热带果树、热带经济林木、热带观赏植物、热带药用植物、棕榈植物、热带水生植物、热带濒危植物、热带珍奇植物、热带沙生植物和蔬菜作物；在参观游览线路中按照视觉、听觉、嗅觉、味觉、触觉五官体验为内容，设计配置相关物种和景观，让游客享受"五官体验之旅"的休闲农业产品（彩图 155 至彩图 156）。

（一）视觉体验

1. 特色景观、全园贯穿

利用植物园得天独厚的气候优势，设立园林绿化部门专门负责从绿化、美化、园林化、生态化 4 个层面以确保植物园的优美景观，发展休闲农业，确保植物园绿化率常年在 85% 以上，环境整洁优美，给人舒服的视觉体验，特别是在冬春季节北方大部分地区已是冰天雪地时，但植物园区却仍然生机盎然，随处可见绿意葱葱（彩图 157）。

2. 奇花异果、争奇斗艳

兴隆热带植物园属于热带季风气候，热带植物资源丰富多彩，一年四季花果常在，为向广大旅游者充分展现热带植物的奇特景观，根据热带植物的不同特性，专门设置了不同季节的观花、观果、观叶植物，确保游客一年四季都能欣赏到独特的热带植物景观，特别是在胡椒种植、加工区周围设置了各种观果、观花、观叶植物，确保一年四季花果常在，风景优美。

3. 标准示范、文化展示

利用植物园的科技优势，设置了胡椒等热带香料饮料作物的标准化示范园和文化长廊，整齐规范的园区既普及了这些作物的标准种植方式，又能给人优美的视觉享受和文化体验（彩图 158 至彩图 159）。

4. 有机搭配、自然优美

注重各种热带植（作）物的配植，根据植物对水分、阳光、土壤等条件的需求，合理利用空间，使乔木、灌木、地被等热带植（作）物高低错落，使园中每个区域均有特色热带植（作）物供游人观赏。

（二）听觉体验

1. 科学讲解、生动有趣

植物园配置了专业的解说员对胡椒等热带植物知识进行科学、生动的讲解。

2. 蝉鸣虫啾、自然天籁

园区内优美的生态环境，有效地保护了生物多样性，特别是园区内长年不断的花、果、水等资源吸引了周边地区许多野生动物到园区憩息。

3. 小溪音乐、优美享受

在主要游览线路设置小溪流水，既保证了园区空气湿度，又制造了园区优美的水声效果。此外，在主要线路设置环园音箱，定时播放与环境相协调的优美音乐。让你走进园区就能在鸟鸣、流水和美妙的音乐声中，聆听美丽的植物故事、特色热带植物知识，在充分获得听觉享受的同时，又获得了丰富的知识。

4. 博士讲堂、文化大餐

园区充分利用研究所的人才优势，聘请具有高级职称或博士学历科技人员作为导师，不定期举办各种具有深厚文化韵味的热带作物知识的博士大讲堂，免费向广大中小学生、旅游参观者讲授热带农业文化及相关知识：胡椒起源、胡椒的人文故事、胡椒的传播、胡椒的用途及作用等。讲堂上各位导师精心准备，既有生动的 PPT 展示，还有各种实物、工艺流程展示等，让广大旅游者在聆听文化大餐的同时，还能亲身感悟胡椒特色产品的文化魅力。

（三）嗅觉体验

1. 天然香气、芬芳醒脑

嗅觉体验以热带香料饮料作物和特色热带花卉散发的自然香气为核心，在胡椒种植、加工区周边，根据不同季节布置各种香料植物品种，使园区不同区域弥漫着不同的芳香气息，让进入园区的游客随时分享特色热带香辛饮料植物的芬芳。如咖啡花、玉兰花、茉莉花、九里香、米仔兰、栀子花、糯米香茶、香叶露兜等散发的天然香气等。

2. 精深加工，香气袭人

利用植物园自有成果，自主研发具知识产权的各式具有浓郁热带特色的旅游产品，并在园区旅游线路上建立胡椒等特色热带作物产品中试加工厂，各种特色香料饮料产品加工过程中散发出来的浓郁香气，一扫游客旅途疲惫，强烈激发旅游者的浓厚兴趣。

（四）味觉体验

1. 特色产品，色香俱全

在旅游线路的终端统一设置休息接待品尝区，既为旅途劳顿的游客提供休憩放松场所，又免费为游客提供自主研发的咖啡、可可、香草兰、苦丁茶、糯米香茶、热带特色鲜果冰激凌等系列产品的品尝服务，让游客亲身体会一种惬意而又难以忘怀的服务。

2. 天然自产，冰爽味鲜

利用园区各种自产新鲜特色热带水果及纯天然香料，制作各种热带鲜果冰激凌：香草兰、糯米香、香叶露兜、波罗蜜、榴梿、杧果、巧克力等，在四季如夏的海南既能冰爽你的身心，又能极大地挑动你的味觉神经、放松你的精神。

（五）触觉体验

1. 特色自然、尽情拥抱

植物园四季如春，花果常在，是富有魅力的植物天堂，是花的世界，是果的田园，是树的王国，是绿的海洋，园区在不同线路上为游客设置照相点，游客在这个奇妙的热带植物世界里可以随意地、零距离地同各式热带水果、热带花卉、珍稀特色热带植物合影留念，让你真实体验看得见摸得着、亲近自然、拥抱自然的感觉。

2. 自己动手、乐享其中

植物园设置了科技产品体验馆，游客可在其中 DIY 制作各式特色产品：手工制作巧克力、调配香水、烘焙咖啡豆、制作椰香脆饼、植物书签等，在身心得到完全放松的同时，还能与亲朋分享自己的劳动成果。

（六）产品展销

在上述五官体验的基础上，广大参观者普及了热带作物产业知识，对胡椒等特色热带作物产品有了深刻的认识，并产生了良好的消费愿望，为了满足参观者的消费需求，兴隆热带植物园专门兴建了科技产品展示厅，既为特色热带作物科学普及画上圆满句号，也为海南特色热带作物产品展示销售提供了良好平台，稳定了因受国际市场影响而大幅波动的特色热带作物产品的市场价格，确保胡椒等特色热带作物产业生产者的效益。据统计，香饮所自兴隆热带植物园开发建设以来，每千克白胡椒产品价格长期稳定在 100 元以上，极大地带动了香饮所合作种植户胡椒业效益（彩图 160）。

综上所述，由于我国热区面积小，热作资源独特而稀缺，建立产前（技术集成绿色生产）、产中（技术创新产品开发中试生产）、产后（科学普及建立休闲农业基地）三产融合发展的模式，是解决我国胡椒等特色热带作物绿色高效发展、实施乡村振兴的有效途径和良好方式。

第十七章 云南省绿春县胡椒
绿色高效生产技术

第一节 前 言

一、概 述

绿春县位于云南省南部，地跨东经 101°48′~102°39′、北纬 22°33′~23°08′。东、北分别与元阳县、金平县及红河县接壤，西北倚普洱市墨江县，西南隔李仙江与江城县相望，东南与越南社会主义共和国毗邻，国境线长 153 千米。县境东西最大横距 37.5 千米，南北最大纵距 60 千米，总面积 3 096 平方千米，距省会昆明 462 千米，距蒙自 270 千米。

绿春县地处哀牢山南出支脉西端，为中山峡谷地貌。主要沿各分水岭河流两坡广泛发育的古夷平面、阶地和深切的"V"形谷、悬崖绝壁、活冲沟等幼年景观，河流深切、沟壑纵横、峰峦叠嶂、支离破碎为县境地貌的主要特征。地势中部高，四周低，由东北向西南逐渐倾斜，最高点为雄居县境中部的黄连山主峰，海拔 2 637 米，最低点为小黑江与李仙江交汇处，海拔 320 米。境内无平坝，河流两坡广泛发育的古夷平面、阶地和洪积扇面积很小，多高峻条峻状型山地，海拔一般都在 1 200~1 500 米。

气候特征：绿春县境内有北热带、南亚热带、中亚热带、北亚热带、南温带、中温带 6 种气候类型，属云南省西部亚热带山地季风气候，是云南省典型的湿热区之一。每年 11 月至翌年 4 月为干季，晴天多，光照足，湿度小，昼夜温差大；5—10 月为雨季，雨水多，光照少，昼夜温差小。年均气温 16.6℃，无霜期 340 天。

绿春县境内河流均属红河水系，主要河流有李仙江、小黑江、勐曼河、渣吗河、马尼河、洛母河、搬布河、牛孔河、大头洛巴、白那河。绿春县地处云南省南部红河哈尼族彝族自治州西南角。有海拔 1 000 米以下的热区面积 100 多万亩，气候属亚热带山地季风气候，年平均气温 16.6℃，部分乡镇的低热河谷或盆地年平均气温在 20℃以上，年降水量 2 400 毫米。

根据胡椒生态适宜区划，该区属滇东南适宜区。1971 年绿春县开始引种试种胡椒，目前全县胡椒种植面积最高峰时达 5 万多亩，收获面积达 4 万多亩，已成为该县少数民族及边境百姓巩固脱贫攻坚成果、实施乡村振兴战略的重要产业。

但由于绿春县地处边陲，特别是胡椒主要种植区地处偏僻，交通不发达，造成该地区胡椒生产技术普及率低，种植不规范，胡椒瘟病、水害、低温寒害等发病率偏高，导致产量不高，经济效益低下，严重影响种植户的种植积极性。香饮所针对上述问题，结合绿春县雨量大、无台风、年积温低、易发生寒害等特点，特编写围绕高产、防寒、防水、防瘟为主的胡椒绿色高效生产技术资料，以期为绿春县胡椒生产提供技术指导，达到农民增收、农业增效的目的。

二、绿春县的环境条件

1. 温度

胡椒生长受温度限制，要求较高的温度。我国胡椒栽培地区年平均温度为21~26℃，以年平均温度23~27℃、无霜最为适宜。旬平均气温低于18℃时，生长缓慢，低于15℃时，基本停止生长；日最低温度10℃以下持续2~3天，嫩叶开始受害；日最低温度6℃以下持续2~3天，嫩蔓、嫩枝受害，出现断顶；日最低温度3℃以下造成枝节脱落，落果甚至地上部主蔓受害干枯。

绿春县气候属亚热带山地季风气候，年平均气温16.6℃，部分乡镇的低热河谷或盆地年平均气温在20℃以上，从气温的角度上考滤，绿春县大多数地区特别是海拔高度超过1 200米的山区并不完全适合种植胡椒，其余适合种植胡椒的区域也只能算是胡椒次适宜种植区，由于年均温略低、年积温小，因而胡椒的实际年生长量要小于海南等地，生产上要充分考虑这些不利因素。

2. 雨量

要求雨量充沛，分布均匀。我国胡椒栽培地区年降水量为800~2 400毫米，而以年降水量1 500~2 400毫米、分布均匀最为适宜。雨量过于集中，土壤含水量过大，排水不良，对胡椒生长不利，如一个月雨量大于1 000毫米或大于500毫米持续3个月以上，或大于300毫米持续5~6个月，就会引起瘟病和水害发生。

绿春县属云南省西部亚热带山地季风气候，是云南省典型的湿热区之一，年降水量达2 400毫米左右，每年11月至翌年4月为干季，晴天多，光照足，湿度小，昼夜温差大；5—10月为雨季，雨水多，光照少，昼夜温差小。由于年降水量大且雨季集中，因而在绿春县种植胡椒要特别考虑雨水对胡椒影响这个不利因素。

3. 风

胡椒为藤本植物，蔓枝脆弱，抗风能力差，要求静风环境。台风季节，轻则叶片和花果被吹落，造成减产；重则折枝、断蔓、倒柱，严重影响植株生长。台风后植株的蔓、枝、叶易产生伤口，大量叶片和地面接触，造成病菌的侵染和繁殖。因此，为保证胡椒正常生长，应先造林后植胡椒。

绿春县台风较少，山地较多，种植胡椒时可不设防风林。

4. 光照

幼龄期需适度的荫蔽。成龄植株则需要充足的光照，过于荫蔽会使植株营养生长旺盛，影响开花结果，产量低。据研究，胡椒叶片进行光合作用最适宜的温度为25℃、最适宜的光照强度为2.5万~5万勒克斯，当温度低于15℃、高于30℃或光照强度低于2.5万勒克斯、高于5万勒克斯时，其光合作用都会受到抑制。

5. 土壤

土层深、结构好、易于排水、肥沃的沙壤土种植胡椒产量高。排水不良的土壤易发生水害和瘟病。以pH值5.0~7.0的微酸性至中性的土壤较好。

第二节 育 苗

除以下措施外，其余按第五章胡椒标准化种植要求进行。

一、割 苗

（一）优良种苗标准

按第五章胡椒标准化种植要求进行。

（二）割蔓季节

根据云南绿春县的气候特点，割蔓不宜早于每年的5月、迟于8月，最好选在5—7月比较适宜。高温干旱、低温季节以及在椒园发生瘟病时，都不宜割蔓，以免影响母树生长和育苗成活率，使病害蔓延。

（三）割蔓前去顶

在割蔓前10~15天将主蔓顶端3~5节幼嫩部分去掉，同时按算好每条主蔓可切取的种苗数，留下备取的每条种苗应带的两条分枝，把其他多余的分枝割除，以抑制主蔓往上生长，使组织充实、老化，使得切取的苗成活率高，且植后抽蔓快，生长整齐。

（四）割蔓和切取种苗

按第五章胡椒标准化种植要求进行。

二、育 苗

（一）苗圃地的选择

苗圃地应选排水良好、土层深厚、沙质、靠近水源和静风的平地或缓坡地。多次育过胡椒苗，靠近病园、道路和菜地，特别是种过茄子、烟草和番茄等的土地，一般不宜选用，否则易引起病害。

（二）苗圃地的准备

育苗前半个月要垦地，清除树根、杂草、石头等杂物，土壤经充分暴晒后打碎起畦。畦高 20~30 厘米，面宽 1 米左右，沟宽 40 厘米，畦面要平整，苗圃周围要开排水沟。

（三）架设荫棚

育苗前准备好荫蔽物或架设荫棚，荫蔽度 90% 左右。种植面积大，种苗数量多，可以根据种苗的多少，架设大荫棚或小荫棚。一次割苗较少的农户，也可在畦的四周插芒萁进行荫蔽，或棚架上用遮阴网或耐腐枝叶如椰子叶等进行荫蔽。

（四）育苗方法

一般在晴天下午或阴天育苗，种苗要按长短和粗壮分级，按 20~30 厘米的行距开沟，沟的一面做成 45° 的斜面，弄平压实，将种苗按 10~15 厘米的株距排列，种苗上端两节露出畦面，气根紧贴土壤，盖土后压紧，但不能压伤种苗，然后淋足水，没有事先做好荫棚的就要插上荫蔽物，若为了补种，可以事先用塑料袋育好种苗，这样补种后容易赶上原种的植株。

（五）苗圃管理

一般育苗 20 天内要经常淋水，保持土壤湿润，干旱时须每天淋水 1~2 次。种苗培育 10 天左右开始发根，成活后可以逐渐减少淋水次数。

三、种苗出圃、包装和运输

种苗培育 45 天左右可出圃。育苗时间太久，根多又长，新蔓抽出且生长纤弱，定植时易伤根伤蔓，影响成活及生长；育苗时间太短则不易分辨在割苗或运输过程中已造成机械损伤的种苗。挖苗时，如土壤干燥板结，应先淋足水后再挖，防止伤根过多。同时要将过长的根及新蔓剪掉，仅保留根长 5~10 厘米及新主蔓 2~3 个节，利于定植后生长。如有瘟病发生，应禁止种苗出圃。有花叶病和细菌性叶斑病的种苗应淘汰。

挖苗定植时，一般应边挖边种。若需长途运输，应根据种苗长短、壮弱分级，30~50 株为一捆，用稻草或椰糠等材料包扎好，枝叶要露出外面，装于箩筐中，洒水保湿。途中还要注意保湿、遮阴，防止失水损伤。

第三节　开　垦

一、选择园地

应选择土层深厚、易于排水土壤，坡度 3°~5° 为宜，靠近水源，但地下水位不能太高，以免发生水害和瘟病。

二、设计椒园

在云南，单个胡椒园面积可以设计在 5~10 亩，但不能超过 10 亩。园与园之间保持一定距离，并设置隔离带，以控制病害传播。地形选择最好是向阳面和半山腰背风口位置，以避免冬季低温寒害的不利影响。地块规划要与隔离带设置相结合，最好是东西走向的长方形小区，隔离带可种植其他经济作物，如荔枝、龙眼、杧果等适合当地生长的作物。

三、开 垦

定植前 3~4 个月对园地深耕全垦，深度 30~40 厘米，清除残存的树根、杂草、石头等，随即平整，修筑梯田，开设排水沟。

四、修排水沟

绿春县全年降水量大且集中，易造成椒园积水，积水易使胡椒园发生瘟病和水害。为防止椒园积水，椒园四周须挖环园大沟，为防止树根破坏大沟或大沟妨碍胡椒根系生长，大沟一般离隔离带 2 米，离胡椒 2.5 米，沟宽 80 厘米，深60~80 厘米。园内一般每隔 12~15 株胡椒开一条纵沟，纵沟宽 50 厘米，深 40 厘米左右，与大沟相通。起垄后的垄沟及梯田后壁的小沟也要与纵沟及大沟相连。

五、筑梯田

坡度在 5° 以下的开大梯田，面宽 6 米，种 2 行，坡度在 5° 以上的开小梯田，面宽 2 米，种 1 行，梯田面稍向内倾斜。

六、起 垄

等高起垄有利于排水，避免椒头积水，对于预防胡椒瘟病有一定的效果，绿春县雨量多且集中，胡椒种植要起垄，垄面呈龟背形，垄高约 20 厘米，以后逐年加高到 40 厘米左右。

七、挖穴、施基肥和回土

定植前 2 个月挖穴，为保证胡椒根系有足够生长空间，穴宽约 80 厘米，深约 70 厘米，穴壁垂直，表土、底土分开放置。定植前半个月将表土回穴至 1/3，将 20 千克基肥、0.25~0.5 千克过磷酸钙与表土充分混匀回穴踏紧，做成土堆，准备定植。

第四节 定 植

一、定植前的准备

胡椒园建立后，在定植前还应做好以下几个方面的准备工作，才能正式定植。

1. 辅助基肥（送嫁肥）的准备

辅助基肥由 3~4 份的腐熟的牛粪或堆肥与 6~7 份的表土组成，每株胡椒准备 3~5 千克辅助基肥。

2. 荫蔽物的准备

为保证定植后的成活率，胡椒定植后都必须立即盖上荫蔽物，常用的荫蔽物有芒箕、山葵、棕榈叶或不易落叶的树枝等，这些荫蔽物必须在定植前 2~3 天准备好。

3. 防护林的准备

常风大或山地种植胡椒，必须在定植前 2~3 个月种植防护林，并加强防护林的管理，争取让防护林早日成林，以真正起到防护林对胡椒的保护作用。

4. 短期间作物的准备

干旱期长地区，由于日照强烈，温度过高，椒园干旱，小苗生长易受抑制，必须在定植前 1 个月在胡椒园行间种植短期间作物，如山毛豆等，以起到一定的遮阴、降温、保水作用，促进小苗生长。

5. 沤水肥池的准备

为保证定植时和定植后胡椒园的淋水、淋肥工作的顺利进行，定植前还应设好沤水肥池，沤水肥池一般应设计成两部分，一部分用于储放清水，另一部分则用于沤制有机水肥。沤水肥池一般在椒园的一角空地上，挖一直径 3 米深度 1.2 米的圆形池，四周及底用红砖和水泥密封，圆周的 1/3 处砌一隔墙把沤水池分成两部分。

6. 支柱的准备

胡椒是藤本植物，需要借助支柱吸附攀缘才能正常生长，形成圆柱形树型。因此，定植前应把支柱准备好，支柱类型有很多，为便于生产及运输，在云南以水泥支柱作为胡椒生产的主要支柱。

水泥支柱：水泥支柱是用钢筋、水泥、沙和碎石制成，横断面是圆形。制造圆形水泥支柱的规格是长 3~3.5 米，基部直径 12 厘米，顶部直径 8 厘米，以水泥、沙、碎石和 3 条与水泥柱等长的 6 毫米的钢筋，水泥、沙、碎石的比例为 1：2：3。

7. 支柱竖立

定植前 1 个月，在已开垦好的胡椒园上，离已挖好种植穴壁边缘 20 厘米处，用钢锹挖一直径 15~20 厘米、深 80 厘米以上的圆洞，按种植规格种上胡椒支柱。

二、种植密度

胡椒在幼龄时期需要适当荫蔽，但在开花结果期则需要充足的光照和足够的营养面积。若过于密植，植株相互荫蔽，阳光不足，植株下部出现大量枯枝而使树冠空虚，结果面减少，产量低。同时胡椒园湿度大，容易发生病害，也不便于管理。但种植太疏也会影响单位面积产量。种植密度应根据不同的地形、土壤、气候条件以及支柱类型来决定，做到合理密植，最大限度地提高单位面积产量。由于绿春县年积温较低，胡椒年生长量小，树冠幅度也小于海南，但因其大多种植在山地、且坡度大须开环山梯田种植，行与行之间因高差大，相互间的遮阴程度小，因而可以适当密植，种植方式可采用高柱密植的方法，株行距（1.6~1.8）米×2米，每亩种植180~210株。

三、定植时期

定植时期应选温暖而多雨的季节进行，在绿春县，定植时间以端午节前后（6月下旬至7月中旬）为宜，灌溉条件较好的地方也可在4月定植；定植应在晴天下午或阴天进行，雨天或雨后土壤湿度大时不宜定植。

四、定植方法

定植方向与梯田的走向一致，定植的角度（种苗和地面的夹角），应视土壤的排水情况而定，排水不良的土壤和地下水位高的地方，角度宜小些，反之宜大些，一般为45°~60°角。定植前在离已定植的胡椒支柱一边约20厘米，挖一深30~40厘米的"V"形小穴，使靠近支柱的坡面成45°~60°的斜面，并压紧，然后放置种苗。种单株苗时，种苗放置于斜面正中，对准支柱。种双苗时，两条树苗对着标棍，置于斜面上呈"八"字形，两条种苗上端间隔3~5厘米，下端间隔10~15厘米。无论种单株还是双株苗，种苗上端1~2节和叶片都要露出地面，种得过深会影响抽蔓。放置种苗时，要让根系紧贴斜面，使其分布均匀，自然舒展，随后一手固定种苗，一手把细碎、疏松、湿润的表土自下而上将种苗盖住，略加压紧，使种苗根系与土壤紧密接触。盖土后在种苗两侧和底部施3~5千克腐熟有机肥作辅助基肥并与表土混匀，然后继续回土，填满植穴。做成比地面高10厘米、半径约40厘米宽的圆形土堆，土堆中间略低，呈锅底形，便于淋水。

胡椒定植后，随即在土堆上盖草，淋足定根水，并将荫蔽物插在定植穴周围，荫蔽度80%左右。高温干旱季节，荫蔽度可大些，雨季则小些。

五、定植初期的管理

定植后管理主要是保证荫蔽和淋足水分，幼苗成活长出主蔓时，应及时插支柱适量施肥、绑蔓和除草等。

1. 淋水

胡椒定植后长出新根的时间，插条假植的快些，不假植的慢些。一般需经5~15天才陆续长出新根，恢复生长。因此定植后应经常淋水，保持土壤湿润，避免种苗失水萎缩，影响成活和生长。除栽植时淋足定根水外，植定后遇晴天，宜连续 3 天淋水，以后每隔 1~3 天淋水 1 次。直至幼苗成活，生长正常，淋水可逐渐减少。

2. 补插荫蔽物

定植后 1 年内，特别是干旱季节，保持荫蔽是很重要的。如荫蔽物损坏，太阳光直射到椒头，主蔓会被灼伤。叶片变黄，甚至死亡。因此定植后应经常检查荫蔽物，如有损坏或被风吹散失的，应立即补插，直至植株枝叶能自行荫蔽到椒头为止。

3. 补植

定植后 1~2 个月，幼苗已经成活，这时应全面检查成活率。如有死株或生长不良的幼株，应及时补植或换植，以后定期检查，搞好补换植工作，最好做到一年内苗齐，生长一致，便于管理。

4. 施水肥

幼苗枝条侧芽萌动时，说明幼苗已成活和生长，应开始在幼苗周围浅沟施稀薄的牛粪、猪粪尿沤制的水肥，每 10~15 天施 1 次，以加速幼苗的生长。

此外，还要注意培土、松土、除草、覆盖，特别是绑蔓。

第五节　田间管理

一、整形修剪

胡椒的经济寿命可达 15~20 年，要让胡椒在长达 20 年左右的时间达到稳产丰产，就必须培养丰产树型，据目前绿春县生产普遍情况来看，胡椒丰产树型应达到以下标准：地面植株高 2.5 米以上，6~8 条蔓，冠幅 150 厘米以上，150~180 个枝序，每个枝序 15~25 条结果枝。要让种植的胡椒植株达到丰产树型，必须经过 3 年左右的时间进行非生产期的强化管理，特别要通过整形修剪方式，才能达到培养丰产树型目的。

胡椒植后 6~8 个月、高 1.2 米时进行第 1 次剪蔓：离地面 20~30 厘米处剪蔓，保留 1~2 层枝序，在每条蔓切口下 2~3 节选留 2~4 条健壮的新蔓。第 2、第 3、第 4 次剪蔓，在新蔓长高 1 米以上时进行，在前一次切口上 3~4 节处剪蔓。剪蔓后选留切口下长出的新蔓 6~8 条。第 5 次剪蔓是在新蔓第二层分枝之上，剪蔓后选留的新蔓与上次相同。最后一次剪蔓后，待新蔓生长超过支柱 30 厘米时，将几条主蔓向支柱顶部中心靠拢，按顺序交叉绑好，封顶。再在离交叉点 3 节处将各条主蔓去顶，使之逐渐形成圆柱树型。

中小胡椒按留强去弱的原则，整株胡椒留 6~8 条主蔓。结果胡椒每年及时剪除从原来封顶的地方抽出的顶芽及树冠内部抽出的徒长蔓。

剪蔓最好在雨量充足的季节进行。旱季剪蔓，主蔓生长慢，容易产生花叶病；低温季节剪蔓，新抽蔓容易遭受寒害。绿春县一年一般可剪 1~2 次，即 5 月和 8—9 月，寒害较重的地方，每年只能在雨季剪蔓 1 次。

二、绑蔓、摘花、摘叶

（一）绑蔓

绑蔓能使幼椒吸根发达，主蔓牢固地吸附于支柱上，对加速幼椒生长和获得吸根发达的插条有促进作用。

幼龄椒在新蔓长出 3~4 个节时开始绑蔓，用柔软的塑料绳在蔓节下将几条主蔓绑于支柱上，以后每隔 10 天左右绑一次，在上午露水干后或下午进行。结果胡椒用尼龙绳加固，40 厘米绑一道。

（二）摘花

胡椒周年开花结果，幼椒会因果实消耗大量养分而生长纤弱，形成树型慢，冠幅小，从而影响封顶植株产量，因此，幼龄胡椒开的花要及时摘除。结果胡椒非主花期的花一方面会与当年的胡椒果实竞争养分，从而影响当年的胡椒产量；另一方面会使主花期花量不集中，而影响翌年的胡椒产量，因此，也要及时摘除。

（三）摘叶

对封顶前胡椒进行摘叶，可使幼椒树冠内部通风透光，养分集中，促进蔓枝生长，因此，在绑蔓时要将主蔓和分枝基部的老叶摘除；对结果胡椒进行摘叶，可使结果胡椒营养生长减缓，促进结果胡椒抽穗开花，果量增加，产量提高，因此，每隔 2~3 年对长势好、冠幅大、老叶多的植株，在 5 月下旬摘叶，留短果枝顶端 1~3 片叶，长果枝 3~5 片叶。

三、施　肥

（一）施肥原则

幼龄胡椒主要是营养生长，即根、蔓、枝、叶的生长。以施速效肥为主，配合有机肥施用。根据幼龄胡椒的生长发育特点，应贯彻勤施、薄施、生长旺季多施液肥的原则。

（二）水肥

1. 沤制方法

由人畜粪、尿、饼肥或绿叶和水一起沤制。肥料用量和水肥浓度可随胡椒龄的增加而增加。小椒、中椒和投产胡椒可以按 1 000 千克水分别加入牛粪 150 千克、200 千克和 250 千克，饼肥 2 千克、3 千克和 5 千克，还有绿叶 50 千克的标准沤制。沤制期间要经过几次搅拌，1 个月以后就可使用。

2. 施用方法

正常生长期 20~30 天施一次水肥，一般情况下一龄椒每株每次施 2~3 千克，二龄椒每株每次施 4~5 千克，三龄及以上胡椒每株每次施 6~8 千克。如果水肥太浓可加水，浓度不够，每担可加复合肥 0.1~0.2 千克。

（三）其他肥料

1. 肥料种类

春季施有机肥和磷肥，一般每株穴施腐熟、干净、细碎的牛粪堆肥 30 千克左右，过磷酸钙 0.25~0.5 千克，饼肥 1 千克。

2. 有机肥堆制方法

一般用的有机肥为牛粪，也可加入饼肥、过磷酸钙和火烧土。堆制过程中翻动几次，做到腐熟、干净、细碎、混匀才能使用。堆制所需各种肥料的用量，应根据胡椒生长发育不同阶段对肥料的需要决定，基肥一般牛粪与表土的比例为 3:7 或 4:6，攻花肥一般牛粪与表土的比例为 5:5 或 6:4。

（四）深翻扩穴

幼龄胡椒在封顶结果前，每年应进行一次深翻扩穴，以扩大胡椒地下根系生产范围，促进地上部枝条的营养生长促使产生更多的分枝及结果枝。深翻扩穴一般在春夏季节雨季来临前，与施有机肥相结合进行，在胡椒植株两侧轮流挖穴施肥。初次肥穴内壁离椒头 40~60 厘米，肥穴和植穴要连通。一般肥穴长 80 厘米，两侧肥穴长 100 厘米，宽 30~40 厘米，深 70~80 厘米。

（五）结果胡椒施肥

结果胡椒对营养元素的需求顺序依次为氮、钾、钙、磷和镁。生产上要求花期集中，主花期多抽穗开花，根据开花结果物候期一般年施肥 4~5 次。

第 1 次：攻花肥。一般在采果结束或即将采完果的雨季初期的 5 月重施攻花肥，以保证开花集中、穗多、花果多。施肥量要足，并以速效的氮、磷肥为主。每株施腐熟有机肥 15 千克，过磷酸钙 0.25~0.5 千克，水肥 10~20 千克，复合肥 0.2~0.3 千克，尿素 0.15~0.2 千克，氯化钾 0.15 千克。开沟后，先施水肥，水肥干后施复合肥，接着施有机肥、尿素和氯化钾，然后覆土。

第 2 次：辅助攻花肥。在第 1 次施肥后约 30 天，胡椒大量抽穗开花，养分不足会影响植株的开花结果，因此，在 6 月，应适当施速效肥料，每株施水肥 20 千克、尿素 0.1~0.15 千克。

第 3 次：攻果肥。第 2 次施肥后 60 天左右，果实发育加快，需充足养分，施肥能使果实正常发育，提高抗寒能力，减少落果，显著提高坐果率，因此，在 8 月，每株施水肥 10 千克，复合肥 0.25 千克，尿素 0.1~0.15 千克，氯化钾 0.15 千克，镁肥 0.1 千克。

第 4 次：保果保树肥。在 11 月，果实仍在增大，干物质迅速积累，施肥不但可提高当年产量，而且能维持植株长势，提高越冬抗寒力，使下年获得高产。每株施有机肥 20~30 千克，过磷酸钙 0.25~0.5 千克，氯化钾 0.15 千克，复合肥 0.25 千克，尿素 0.1 千克。

四、土壤管理

（一）松土

松土可促进根系活动，改良土壤物理性状，同时土壤松翻暴晒，可灭菌，是防病的重要措施。

幼龄胡椒浅松土在雨后和结合施肥时进行，将植株周围的土壤锄松，深度 10 厘米；深松土每年进行 2 次，雨季前 1 次，雨季后旱季前 1 次，先在树冠周围浅松，然后逐渐往外围及行间深松，深度 20 厘米。结果胡椒每年立冬和施攻花肥时各进行一次全园松土，先在树冠周围浅松，后逐渐往外围深松，深度 15~20 厘米。

（二）培土

胡椒园经常受雨水冲刷，土壤流失，根系裸露，容易受旱，而且积水。根据取土难易程度和劳动力情况，可每年培土 1 次或隔年培土 1 次。幼龄椒在旱季培土，结果椒结合施攻花肥培土，每次每株培上 1~2 担较为肥沃的新土。

（三）覆盖

覆盖可保水、促肥，显著提高产量。干旱季节、保水力差的沙土、石子地，根圈或全园覆盖；排水不良的土壤及雨季不要覆盖。胡椒瘟病园不宜进行覆盖。死覆盖物有稻草、干杂草（没有再生能力的）和绿叶等。

（四）除草

1~2 个月锄草一次，旱季除草的间隔时间可延长。结果胡椒在采果前要除草，便于采果和拾落果。梯埂上长的杂草可以修剪，不必除掉，以利于水土保持。

五、排水和灌水

（一）排水

积水易使胡椒发生瘟病和水害。雨季来临之前，要疏通排水沟，填平凹地，维修梯田。大雨过后，应及时检查，排除园中积水。发现胡椒头下陷的，要用表土培高。连续降雨，胡椒头渍水，应在雨后晴天，用木棍将树冠下层枝条抬起，扫除枯枝落叶，使胡椒头通风透光，加快水分蒸发，避免积水烂根。

（二）灌溉

干旱季节的上午、傍晚或夜间土温不高时灌溉，水位不超过垄高的 2/3，让其慢慢渗透，不平的椒园，可在垄沟中分段堵水，使全园土壤湿透。

第六节　绿春胡椒产品初加工

一、采　收

胡椒定植后 2~3 年形成树型，可让其开花结果，即 3~4 年便有收获。在云南绿春县主花期控制在夏季，胡椒果实的收获期是 3—4 月。

1. 收获成熟度

胡椒果实在果穗上成熟时期不一致，必须按适宜的成熟度分期分批采收。胡椒果穗适宜采收的成熟度为小熟期，即每穗果实中有 2~4 粒果变红时，即整穗采收。等每穗果实全部成熟（变红）后才采收，则容易造成落果，若果穗中大部分果粒变黄但尚未出现变红的果粒时采收或者果实青绿时采收，就会造成减产。

2. 收获期

胡椒果穗的收获期长达 1~2 个月，甚至更长。一般整个收获期果穗采收 5~6 次，每隔 7~10 天采收 1 次。在云南绿春县，长势正常的胡椒，最后一批胡椒果穗在 4 月 20 日左右采收完。最后一次收获要将植株上所有果穗摘下来，便于施攻花肥，以免影响植株长势及下季开花结果。胡椒挂果时间长达 9 个月左右，特别是产量高的植株，营养消耗很多，如果挂果时间过长，植株重新积累养分的时间相应缩短，收获后植株长势差，恢复迟缓，影响下次开花结果，造成减产，大小年结果明显。为了保证来年产量，最后一批果穗要适当提早采收，保证植株有 40 天以上的恢复期，才能使来年正常抽穗开花结果。特别是长势差的更要适当提早些，让其有充分的时间恢复生长。但长势良好的植株最后一批果实不要提早采收，否则植株长势恢复快，会提早在 4—5 月抽穗开花，这时比较干旱，抽生的花穗短，稔实率很低，产量不高，所以要根据长势适时采收，才能使来年有较高的产量。

3. 收获前的准备

采果前应做好采收工具、加工设备及加工场所的准备，组织好劳力，打扫胡椒园卫生，清除树冠下枯枝落叶。

4. 收获方法

胡椒果穗上的果实有 2~4 粒变红时，可整穗采收，到收获后期，果穗上大部分果实变黄亦可采收，雨天或露水未干时不要采收，避免传播病害，特别是发生细菌性叶斑病的胡椒园，更应注意。

目前一般手工采收，每个劳力平均每天可摘鲜果 40 千克，最高达 75 千克。准备干净的篮子或编织袋装，采果时先采收中下层果穗，然后用三角梯采收植株上部的果穗。操作时不要损伤枝条，以免影响来年产量。采收时要逐园逐株进行，避免漏收，造成果穗过熟落果。

二、黑胡椒加工

(一) 产品介绍

由于地域限制，目前绿春县胡椒主要加工成黑胡椒产品为主。黑胡椒是指有外果皮的胡椒干果，一般是将胡椒果穗脱粒后直接晒干或烘干而成，为棕褐色或黑色，表面有皱纹。100 千克胡椒鲜果可加工成 32~36 千克的商品黑胡椒。

(二) 工艺流程

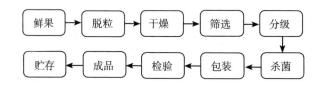

(三) 技术要点

1. 脱粒

分为人工脱粒和机械脱粒两种。将胡椒鲜果采用人工或者脱粒机进行脱粒，除去果梗，再用人工或者分级机按其颗粒大小进行分级。

2. 干燥

(1) 日晒干燥法

经脱粒分级的胡椒鲜果摊放在平整、硬实、清洁卫生的晒场上，或清洁卫生、无毒、无异味器具上，晒 4~6 天，至含水量小于 13% 即可。用此方法加工黑胡椒成本低、简单易行，一般农户较易接受，但加工过程耗时长，且受天气影响较大，如遇阴雨天气时，则易受潮，拖延晒干时间，致使黑胡椒更易受微生物感染，颜色暗淡，影响产品质量。为解决这个问题，目前在绿春县骑马坝乡等地，农户多采取在房顶盖玻璃钢瓦房的方式，既可以给房子起到隔热防漏的目的，又可以用房子来晾晒胡椒，达到黑胡椒加工过程清洁、高效、安全的目的。

(2) 人工加热干燥法

脱粒分级后的胡椒鲜果放入电热烘箱或人工加热的干燥房中烘干，温度控制在 50~60℃，干燥 24 小时左右，至含水量小于 13% 即可。此加工方法时间短、效率高、加工过程中不易感染微生物，加工出来的黑胡椒质量较好，但成本较高，一般农户不易接受。

黑胡椒的干燥度也可用经验判断，方法是：将黑胡椒粒放入口中，用板牙轻轻咬压椒粒，如咬声清脆，胡椒粒裂成 4~5 块，表明胡椒粒干燥适度。

3. 筛选

经充分干燥的黑胡椒用筛子、风选机等设备，除去缺陷果及枝叶、果穗渣等杂质。

4. 分级

将筛选的黑胡椒按颗粒大小、色泽、气味及味道等的不同，按要求用人工或分级机进行分级处理。

5. 杀菌

经过分级的黑胡椒采用微波、辐照或远红外线等方式进行杀菌。

6. 包装

经杀菌处理的黑胡椒应按不同等级，及时装入相应的包装袋中，包装材料应无毒、清洁，符合食品包装要求；包装场所要求有相应的消毒、更衣、盥洗、采光、照明、通风、防尘、防蝇、防鼠、防虫、洗涤以及处理废水、存放垃圾和废弃物的设备或者设施。

7. 检验

包装好的黑胡椒应根据相关操作规程的规定进行抽样检验，合格方可入库。

8. 贮存

黑胡椒贮藏过程中要注意防潮，应贮存在通风性能良好、干燥、并具防虫和防鼠设施的库房中，地面要有垫仓板，堆放要整齐，堆间要有适当的通道以利通风。严禁与有毒、有害、有污染和有异味物品混放。

主要参考文献

包振伟, 顾林, 白东辉, 等, 2013. 响应面法优化黑胡椒油树脂提取工艺. 食品科学, 34 (14)：17-21.

毕燕芳, 邢还鹏, 邢福深, 等, 2010-11-24. 制备黑胡椒油树脂的方法：中国, 101892013 A [P].

陈盛余, 赵丹丹, 曾小月, 等, 2017. 超声波辅助提取胡椒中胡椒碱 [J]. 湖北农业科学, 56 (5)：932-934.

陈文学, 胡月英, 豆海港, 等, 2008. 胡椒调味油的研制 [J]. 中国调味品, 33 (6)：54-56.

陈文学, 周文化, 施瑞城, 等, 2003. 青胡椒酱的研制 [J]. 华南热带农业大学学报, 9 (2)：17-20.

方杰, 赵庆军, 孟旭, 2008. 超声提取白胡椒油树脂的工艺研究 [J]. 中国食品添加剂 (4)：56-59.

方忠平, 1978. 胡椒引种试种报告 [J]. 福建热带科技 (3)：15-17.

谷风林, 吴桂苹, 朱红英, 等, 2015-8-5. 一种胡椒脱粒机：中国, 204518533 U. [P].

谷风林, 吴桂苹, 朱红英, 等, 2015-9-23. 一种梗粒分离机及梗粒分离设备：中国, 204653063 U. [P].

郭可展, 1981. 胡椒塑料大棚及有色薄膜防寒试验初报 [J]. 农业气象 (1)：53-59.

郝朝运, 杨建峰, 邬华松, 等, 2012. 胡椒花器官形态结构与发育进程研究 [J]. 热带作物学报, 33 (12)：2236-2239.

胡丽松, 范睿, 伍宝朵, 等, 2018. 砧木状态和嫁接时间对胡椒种间嫁接成活率的影响分析 [J]. 热带农业科学, 38 (2)：11-15.

黄朝豪, 狄榕, 马遥燕, 1988. 胡椒花叶病传播途径的研究 [J]. 热带作物学报 (1)：27-28.

黄根深, 黎德清, 1991. 胡椒细菌性叶斑病的综合防治 [J]. 热带农业科学 (1)：71-74.

黄雪松, 2011-3-16. 一种胡椒碱的生产方法：中国, 101985440 A [P].

黄循精, 2005. 2004 年世界胡椒的产销情况综述 [J]. 世界热带农业信息

（1）：4-5.

黄永乐，2017-12-1. 一种黑胡椒酱及其制备方法：中国，107411032 A ［P］.

李平凡，聂青玉，陈鲁，2010. 超声法制备胡椒油树脂工艺研究［J］. 食品科技，35（2）：60-62.

李志刚，王灿，杨建峰，等，2017. 连作对胡椒园土壤和植株中微量元素含量的影响及相关特征分析［J］. 热带作物学报，38（12）：2215-2220.

李志刚，杨建峰，王灿，等，2018. 柬埔寨胡椒产业现状与发展前景分析［J］. 中国热带农业（6）：30-32，54.

林鸿顿，邢谷杨，1983. 胡椒果实不同成熟度的产量差异［J］. 热带作物研究（3）：48-49.

林鸿顿，邢谷杨，1986. 修枝对胡椒产量的影响［J］. 热带作物科技（6）：84-85.

林鸿顿，邢谷杨，1989. 胡椒矮柱密植栽培的研究［J］. 热带作物学报，10（1）：43-48.

林日甫，2007. 海南胡椒产业可持续发展对策探讨［J］. 中国热带农业（3）：13-15.

林小明，史载锋，孙振范，2001-5-9. 胡椒碱制备方法：北京，1294127A ［P］.

刘爱勤，桑利伟，孙世伟，等，2009. 胡椒瘟病病原菌对 12 种杀菌剂的敏感性测定［J］. 热带农业工程，33（2）：11-13.

刘红，谭乐和，谷风林，等，2013-4-17. 一种胡椒油树脂及其制备方法：北京，103039931 A ［P］.

刘进平，邬华松，杨建峰，2009. 国内外胡椒品种评述［J］. 中国热带农业（1）：49-52.

刘进平，郑成木，2001. 胡椒瘟病与辣椒疫霉［J］. 热带农业科学（5）：27-31.

刘笑，2016. 胡椒碱的提取、纯化及功能活性研究［D］. 扬州：扬州大学.

刘学武，李志义，夏远景，等，2004. 超临界 CO_2 流体萃取胡椒油工艺条件的研究［J］. 中国粮油学报，19（6）：57-59.

龙宇宙，赵建平，邬华松，等，2007. 热带特色香辛饮料作物农产品加工与利用［M］. 海口：海南出版社.

吕玉兰，等，2009. 胡椒栽培种与野生近缘种嫁接技术调查［J］. 热带农业科学（2）：40.

玛乔丽·谢弗，2019. 胡椒的全球史：财富、冒险和殖民［M］. 顾淑馨，译.

上海：上海三联书店.

牛立霞，王健华，冯团诚，等，2008. 海南胡椒中黄瓜花叶病毒分离物的分子鉴定 [J]. 热带作物学报，29（4）：510-513.

全国热带作物及制品标准化技术委员会，2006. 橡胶树栽培技术规程：NY/T 221—2006 [S]. 北京：中华人民共和国农业部.

桑利伟，刘爱勤，高圣风，等，2016. 防治胡椒瘟病的生物农药和新型低毒化学农药筛选 [J]. 热带农业科学，36（10）：43-45.

桑利伟，刘爱勤，孙世伟，等，2010. 海南省胡椒主要病害现状初步调查 [J]. 植物保护（5）：133-137.

桑利伟，刘爱勤，孙世伟，等，2010. 胡椒主要病害识别与防治技术 [J]. 热带农业科学，30（1）：3-5.

桑利伟，刘爱勤，谭乐和，等，2010. 胡椒瘟病田间发生规律观察 [J]. 热带作物学报，31（11）：1996-1999.

桑利伟，刘爱勤，谭乐和，等，2011. 海南省胡椒瘟病病原鉴定及发生规律 [J]. 植物保护，37（6）：168-171.

史元，陈书贵，王开勇，等，2020. 幼龄槟榔种植管理及病虫害防控 [J]. 植物医生（4）：55-60.

田延富，杨东林，万晋良，等，2018-5-18. 一种山胡椒酱的加工方法：中国，CN 108041560 [P].

仝其根，黄少婷，周敏，2008. 提取分离胡椒油及胡椒碱的研究 [J]. 农产品加工（7）：219-221，259.

王灿，李志刚，杨建峰，等，2017. 基于地统计学分析的不同树龄胡椒根系水平分布特征 [J]. 热带作物学报，38（11）：2021-2027.

王灿，杨建峰，祖超，等，2015. 胡椒园间作槟榔对胡椒产量及养分利用的影响 [J]. 热带作物学报，36（7）：1191-1196.

王会芳，肖彤斌，谢圣华，等，2007. 6种杀线剂对胡椒根结线虫病的防效 [J]. 农药，46（11）：783-784.

王庆煌，邬华松，吴桂苹，等，2012-12-7. 一种盐水青胡椒的制备方法：中国，CN 102550662A [P].

王庆煌，赵建平，谷风林，等，2011-12-7. 一种青胡椒调味酱及其制作方法：中国，CN102266042 A [P].

王友志，王晓青，姚亮，等，2011. 微波提取胡椒碱的工艺研究 [J]. 海南师范大学学报（自然科学版），24（3）：293-296.

邬华松，等，2012. 胡椒安全生产技术指南 [M]. 北京：中国农业出版社.

邬华松，等，2020. 都市热带农业的探索与实践 [M]. 北京：中国农业科学技术出版社.

邬华松，杨建峰，林丽云，2010. 中国胡椒研究综述 [J]. 中国农业科学，42（7）：2469-2480.

吴桂苹，初 众，谷风林，等，2013. 不同提取方法对黑胡椒油树脂得率及其胡椒碱含量的影响研究 [J]. 热带作物学报，34（12）：2467-2470.

吴桂苹，谷风林，等，2016. 胡椒复合调味酱的加工工艺研究 [J]. 中国调味品，41（3）：91-94.

吴桂苹，谷风林，房一明，等，2017. 白胡椒加工过程中的风味物质分析 [J]. 农学学报，7（11）：51-61.

吴桂苹，谷风林，朱红英，等，2014-10-15. 一种胡椒果皮种子分离设备：中国，203872952 U [P].

吴桂苹，谷风林，朱红英，等，2017-8-25. 一种黑胡椒的制备方法：中国，104666437 B [P].

吴桂苹，谭乐和，谷风林，等，2014-1-22. 一种胡椒油树脂的制作方法：中国，102925283 B [P].

伍宝朵，范睿，胡丽松，等，2018. 低温胁迫对胡椒叶片生理生化及显微结构的影响 [J]. 热带作物学报，39（8）：1519-1525.

邢谷杨，2007. 胡椒抗旱减灾技术措施 [J]. 广西热带农业（4）：25.

邢谷杨，1987. 不同摘叶程度对胡椒产量的影响 [J]. 热带作物研究（2）：43-45.

邢谷杨，1989. 胡椒主蔓的分枝习性与剪蔓 [J]. 热带作物研究（1）：33-35.

邢谷杨，2005. 我国胡椒产业发展策略探讨 [J]. 广西热带农业（3）：14-16.

邢谷杨，林鸿顿，1997. 胡椒干物质和主要养分含量研究 [J]. 热带作物学报（1）：42-45.

邢谷杨，林鸿顿，林道经，等，1991. 胡椒园椰糠覆盖研究 [J]. 热带作物研究（2）：21-25.

邢谷杨，邬华松，林鸿顿，1995. 胡椒不同摘叶间隔期产量效应的研究 [J]. 热带作物研究（3）：24-27.

邢谷杨，朱红英，1998. 胡椒果实的生长规律及其在不同发育阶段的养分含量研究 [J]. 热带作物学报（4）：52-54.

徐士明，关永霞，朱祥霞，等，2015. 胡椒中提取纯化胡椒碱的工艺研究 [J]. 药学研究，34（9）：500-502，511.

岩利，2018. 天然橡胶种植管理技术 [M]. 河南农业（4）：34.

杨成东，2019-12-10. 一种胡椒碱的制备方法：中国，110551096 A［P］.

杨广，2018. 海南椰子种植管理技术［J］. 农业科技通讯（10）：272-274.

杨海军，杨春梅，杨海兵，等，2018-7-3. 胡椒风味豆瓣酱：中国，108236077［P］.

杨建峰，2016. 胡椒栽培技术［M］. 北京：中国农业出版社.

杨建峰，等，2020. 胡椒实用技术图解［M］. 北京：中国农业科学技术出版社.

杨建峰，孙燕，邬华松，等，2011. 种植年限对胡椒园土壤化学肥力指标的影响［J］. 热带作物学报，32（4）：592-597.

杨建峰，邬华松，郝朝运，等，2013. 胡椒花穗发育过程中不同功能叶营养物质动态变化规律的研究［J］. 热带作物学报，33（2）：13-21.

杨建峰，邬华松，孙燕，等，2010. 我国胡椒产业现状及发展对策［J］. 热带农业科学，30（3）：1-4.

杨建峰，祖超，李志刚，等，2013. 胡椒花穗发育过程中叶片不同营养物质动态变化研究［J］. 热带作物学报，34（4）：602-606.

杨建峰，祖超，李志刚，等，2014. 胡椒园间作槟榔优势及适宜种植密度研究［J］. 热带作物学报，35（11）：2129-2133.

鱼欢，邬华松，闫林，等，2010. 胡椒栽培模式研究综述［J］. 热带农业科学，30（3）：56-61.

张国宏，沈锋，刘丽欣，1997. 均匀设计方法在胡椒风味成分提取工艺上的应用［J］. 食品科学，18（7）：22-26.

张华昌，1993. 结果胡椒的养分需求与施肥量的估算［J］. 热带农业科学（2）：18-25.

张华昌，2002. 胡椒养分与施肥模式的研究［J］. 云南热作科技，25（1）：10-15.

张华昌，2019. 海南胡椒叶片营养诊断指导施肥试验研究［J］. 热带农业科技，42（1）：35-39.

张华昌，谭乐和，梁淑云，2014. 幼龄胡椒养分测定与施肥的研究［J］. 热带农业科技，37（3）：12-16.

张慧坚，2007. 世界胡椒业发展［J］. 世界农业（9）：26-32.

张晓旭，周锡钦，刘红芹，等，2018. 胡椒碱的提取分离及检测方法的研究进展［J］. 热带作物学报，39（5）：1030-1037.

赵建平，初众，宗迎，等，2013-2-13. 一种胡椒杀青脱粒设备及其杀青装置：中国，202722446 U［P］.

赵正杰，等，2021. 机械施肥对胡椒光合特性及产量的影响［J］. 中国热带农业（2）：65.

郑品梅，邹纲明，李彦威，2007. 胡椒油的研究进展［J］. 食品科技（1）：
　25-28.

郑维全，1999. 海南野生胡椒种质资源及利用［J］. 广西热作科技（4）：13.

郑维全，2000. 海南胡椒产业化发展的思考［J］. 云南热作科技，23（2）：
　33-41.

郑维全，2002. 高温干旱地区幼龄胡椒园间种荫蔽树的作用与方法［J］，云
　南热作科技，25（3）：41.

郑维全，2006. 海南胡椒杂交种质主要农艺性状观测［J］. 广西热带农业
　（4）：33-34.

郑维全，谭乐和，2000. 胡椒对胡椒瘟的抗性测定［J］. 云南热作科技，23
　（3）：38-39.

郑维全，谭乐和，2001. 胡椒抗瘟性测定方法研究［J］. 云南热作科技，24
　（4）：33-35.

郑维全，邬华松，谭乐和，等，2010. 影响胡椒连作主要因素与防控措施
　［J］. 热带农业科学（10）：13-17.

郑维全，杨建峰，鱼欢，等，2017. 我国胡椒产业现状与创新发展探析［J］.
　热带农业科学，37（12）：102-108.

郑维全，张籍香，邬华松，1998. 3个胡椒种质主要性状鉴定评价［J］. 热带
　农业科学（4）：3-6.

郑心柏，翁家瑜，林荣英，等，1980. 用红葡萄酒防治胡椒花叶病初报［J］.
　热带作物研究（3）：70-71.

中国热带农业科学院，华南热带农业大学，1998. 中国热带作物栽培学
　［M］. 北京：中国农业出版社.

中国热带农业科学院香料饮料研究所，2009. 胡椒初加工技术规程. 海南省地
　方标准（DB46/T 175—2009）［S］. 海口：海南省质量技术监督局.

中国热带农业科学院香料饮料研究所，2011. 胡椒叶片营养诊断技术规程. 海
　南省地方标准（DB46/T 206—2011）［S］. 海口：海南省质量技术监督局.

中国热带农业科学院椰子研究所，2012. 椰子栽培技术规程 DB 46/T 12—
　2012［S］. 海口：海南省质量技术监督局.

中华人民共和国农业部，2005. 咖啡栽培技术规程：NY/T 922—2004［S］.
　北京：中华人民共和国农业部.

中华人民共和国农业部，2006. 胡椒栽培技术规程：NY/T 969—2006［S］.
　北京：中国农业出版社.

周书来，刘学文，吴丽，2011. 山胡椒调味油加工工艺研究［J］. 食品与发

酵科技，47（1）：98-101.

周雪敏，2016. 黑胡椒油树脂不同提取工艺比较及其品质初步鉴定［D］. 武汉：华中农业大学.

周雪敏，杨继敏，朱科学，等，2016. 超临界法萃取的黑胡椒油树脂成分分析［J］. 热带农业科学，36（2）：54-58.

周叶燕，樊亚鸣，高绍中，等，2009，动态. 微波法提取黑胡椒油树脂的中试研究［J］. 食品科技，34（11）：175-179.

祖超，邬华松，谭乐和，等，2011. 橡胶与胡椒复合种植模式分析［J］. 热带农业科学（12）：26-32.

祖超，邬华松，谭乐和，等，2012. 海南胡椒优势区土壤 pH 值与养分肥力指标的相关性分析［J］. 热带作物学报，33（7）：1174-1179.

BORGES P，PINO J，1993. Preparation of black pepper oleoresin by alcohol extraction［J］. DieNahrung，37：127-130.

DUTTA S，BHATTACHARJEE P，2017. Nanoliposomal encapsulates of piperine－rich black pepper extract obtained by enzyme－assisted supercritical carbon dioxide extraction［J］. Journal of Food Engineering，201：49-56.

RATHOD S S，RATHOD V K，2014. Extraction of piperine from Piper longum，using ultrasound［J］. Industrial Crops and Products，58：259-264.

SUBRAMANIAN R，SUBBRAMANIYAN P，AMEEN J N，et al，2016. Double bypasses soxhlet apparatus for extraction of piperine from Piper nigrum［J］. Arabian Journal of Chemistry，9（S）：S537-S540.

彩图1　摩洛哥著名的综合香料

彩图2　摩洛哥美食

彩图3　河南名小吃"胡辣汤"

彩图4　中华名小吃"烧麦"

彩图5　马来西亚美食炒贵刁

彩图6　西北名小吃"胡辣羊肉"

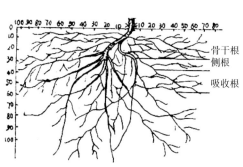

彩图7　胡椒根（单位：厘米）

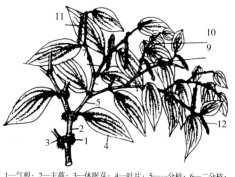

1—气根；2—主蔓；3—休眠芽；4—叶片；5—分枝；6—二分枝；
7—三分枝；8—一级结果枝；9—二级结果枝；10—三级结果枝；
11—果穗；12—花蕾

彩图8　胡椒蔓、枝、叶

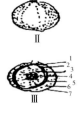

Ⅰ—果穗；Ⅱ—果实外形；
Ⅲ—果实纵剖面：1—胚；2—内胚乳；3—外胚乳；
4—种子腔；5—种皮；6—果肉；7—外果皮

彩图9　胡椒花穗　　　　　　　　　　彩图10　胡椒果实

彩图11　印尼大叶种　　　　彩图12　胡椒叶　　　　彩图13　胡椒主蔓

彩图14　胡椒花穗　　　　彩图15　胡椒果穗　　　　彩图16　大叶种：古晋种

彩图17　大叶种：热引1号　　　彩图18　大叶种：班尼约尔1号

彩图19　小叶种植株

（摄于柬埔寨西哈努克特区）

彩图20　马来西亚胡椒品种（*Piper nigrum* cv. Semongok Emas）

马来西亚科学院院士Sim Soonliang博士提供

彩图21-1　马来西亚胡椒品种（*Piper nigrum* cv. Semongok Perak）
马来西亚科学院院士Sim Soonliang博士提供

彩图21-2　马来西亚胡椒品种（*Piper nigrum* cv. Semongok Perak）
马来西亚科学院院士Sim Soonliang博士提供

彩图21-3 马来西亚胡椒品种（*Piper nigrum* cv. Semongok Perak）
马来西亚科学院院士Sim Soonliang博士提供

彩图22 胡椒种质资源圃

彩图23 农业农村部万宁胡椒种质资源圃内部保存区

彩图24　直立草本：假蒟　　　　彩图25　藤本：陵水胡椒

彩图26　灌木：光茎胡椒　　　　彩图27　小乔木：墨西哥胡椒

彩图28　圆锥形：复毛胡椒　　　　彩图29　圆柱形-小：假荜菝

彩图30　圆柱形-中：山蒟

彩图31　圆柱形-大：粗穗胡椒

彩图32　叶披针形：角果胡椒

彩图33　叶椭圆形：华山蒟

彩图34　叶心形：毛蒟

彩图35　叶盾形：盾叶胡椒

彩图36　果穗短：腺脉蒟

彩图37　果穗中等：粗梗胡椒

彩图38　果穗中等：缘毛胡椒

彩图39　果穗长：大叶蒟

彩图40　大叶蒟：植株、枝条、叶片和果穗电子标本

彩图41　华南胡椒：植株、枝条、叶片和果穗电子标本

彩图42　假荜拔：植株、枝条、叶片和果穗电子标本

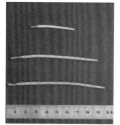

彩图43　假煤点胡椒：植株、枝条、叶片和花穗电子标本

彩图44　在田间观察胡椒（左
一为林鸿顿，右一为陈封宝）

彩图45　张籍香研究员
（左一）指导工人开展病
虫害防治

彩图46　华南热带作物科学研究
院兴隆试验站自制胡椒水泥柱

彩图47　国外友人参观考察香料
饮料研究所胡椒基地

彩图48　邢谷杨研究员培训农户与技术能手

彩图49　邹华松研究员等（中）
在云南绿春进行田间技术培训

彩图50　2011年香饮所
胡椒科研团队

彩图51　胡椒团队在
云南绿春指导生产

彩图52　山地胡椒标准化种植基地

彩图53　传统随意晾晒黑胡椒　　　　彩图54　屋顶清洁晾晒黑胡椒

彩图55　绿春县骑马坝乡发展胡椒产业　　彩图56　绿春县骑马坝乡脱贫致富后的"胡椒楼"
　　　　　之前的老房子

六节壮苗

彩图57　胡椒优良种苗标准　　　　彩图58　适宜割取种蔓的椒园植株

彩图59　不适宜割取种蔓的椒园　　彩图60　割蔓前去顶　　　　彩图61　割蔓过程

彩图62　沙床育苗　　　　　　　彩图63　种苗摆放

彩图64　种苗打包运输

彩图65　防护林　　　　　　　　　彩图66　园区道路设计

大梯田断面　　　　　　　　　　小梯田断面　　　　　　　　垄栽断面
1—梯田埂；2—排水沟；3—梯田面　1—梯田埂；2—梯田面；3—排水沟
彩图67　梯田开垦　　　　　　　　　　　　　　　彩图68　起垄

彩图69　园区排水系统

彩图70　水肥池

彩图71　园区喷灌

彩图72　挖穴

彩图73　施基肥和回土

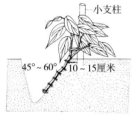

彩图74　定植挖穴

彩图75　双苗定植

彩图76　淋定根水

彩图77　插荫蔽物

彩图78　植后淋水

彩图79　深翻扩穴

彩图80　机器除草

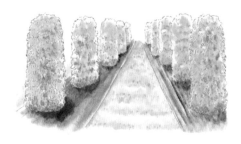

彩图81 覆草膜

彩图82 浅松土

彩图83 覆盖

彩图84 绑蔓

彩图85 摘花

彩图86 田间剪蔓过程

彩图89-1　高杆喷灌

彩图87　绑蔓加固　　　　　　彩图88　胡椒头培土　　　　　彩图89-2　矮杆喷灌

彩图90　台风落叶　　　　　　　　　彩图91　断倒植株

彩图92　吹斜植株　　　　　彩图93　脱顶植株　　彩图94　感染胡椒瘟病的胡椒植株

彩图95　胡椒瘟病叶片症状

彩图96　感染胡椒瘟病
突然青枯的胡椒植株

彩图97　感染胡椒瘟病
腐烂胡椒头

彩图98　感染胡椒瘟病胡椒
根纵切面

彩图99　感染胡椒瘟病
胡椒根横切面

彩图100　感染胡椒瘟大量植株死亡的胡椒园

彩图101-2　胡椒细菌性叶斑病叶片症状

彩图101-1　胡椒细菌性叶斑病叶片症状　　　　彩图101-3　胡椒细菌性叶斑病叶片症状

彩图101-4　胡椒细菌性叶斑病叶片症状　　　　彩图101-5　胡椒细菌性叶斑病叶片症状

彩图102　胡椒花叶
　　　　病症状

彩图103　感染胡椒花叶病植株

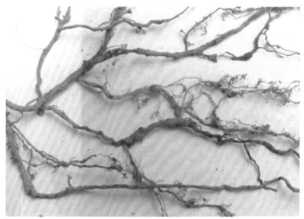

彩图104　胡椒根结线虫根系症状

彩图105　感染胡椒根结线虫病
　　　　胡椒植株

彩图106　胡椒炭疽病叶片症状

彩图107　胡椒炭疽病

彩图108　胡椒枯萎病

彩图109　成熟胡椒果穗

彩图110　未成熟胡椒果穗

彩图111　胡椒初加工产品

彩图112 黑胡椒晾晒

彩图113 黑胡椒　　　　　　　　　彩图114 白胡椒

彩图115 流动水浸泡

彩图116　青胡椒（脱水青胡椒）　　　　彩图117　青胡椒（冻干青胡椒）

彩图118　白胡椒粉　　　　　　　　彩图119　黑胡椒粉

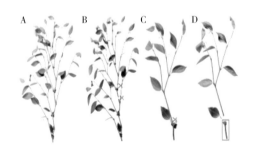 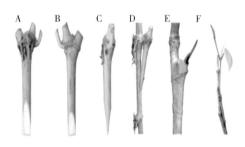

彩图120　栽培种胡椒接穗　　　彩图121　砧木准备及嫁接方法
　　　　　　　　　　　　　　　（以斜腹接为例，顶接、斜腹接均可）

彩图122　嫁接苗田间长势（嫁接后1年）

彩图123　喷灌、滴灌系统施肥

彩图124　淋施水肥和拖管浇肥

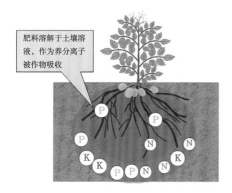

彩图125　土壤中养分离子被作物吸收

1（0～30厘米）

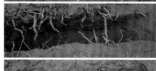
2（90～120厘米）

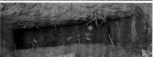
3（大于120厘米）

彩图126　冠幅为180厘米的胡椒根系水平分布
（深度0.4米）

— 23 —

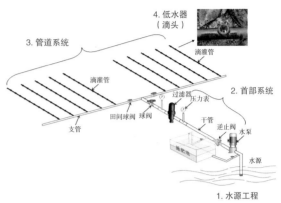

彩图127　胡椒水肥一体化滴头位置　　　　彩图128　水肥一体化设施组成示意图

彩图129　胡椒园首部系统示意图

彩图130　主要管道组成（左：PE管，右：连接配件）

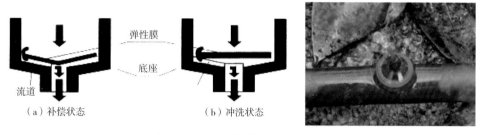

弹性膜

底座

流道

（a）补偿状态　　　　　　（b）冲洗状态

彩图131　压力补偿式滴头示意图

过量灌溉会导致养分被
淋溶（主要为尿素、硝
态氮）

合理灌溉时间保证养分
停留在根区

彩图132　过量灌溉与合理灌溉土壤中养分状况

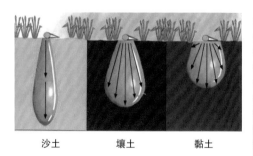

沙土　　　　壤土　　　　黏土

彩图133　水分在不同质地土壤中的分布

彩图134　宽窄行单种胡椒

彩图135　胡椒宜机化示意图

彩图136　胡椒粉垄式松土施肥

彩图137　机翻施肥

彩图138 胡椒园间作槟榔

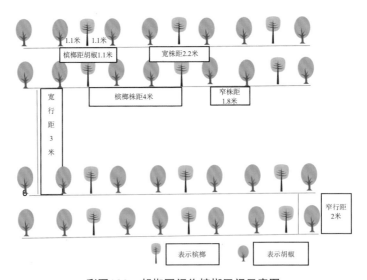

彩图139 胡椒园间作槟榔田间示意图

彩图140　槟榔活支柱种植胡椒

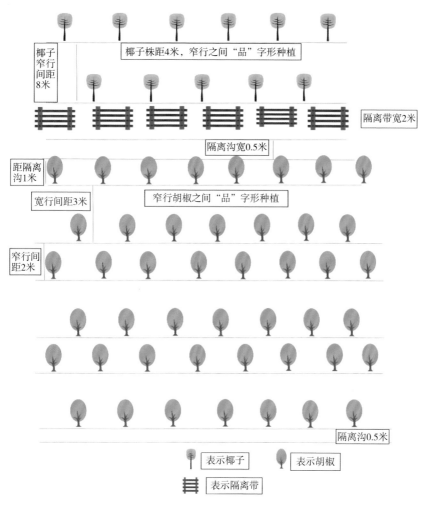

彩图141　椰子园间作胡椒示意图

彩图142　宽窄行种植橡胶

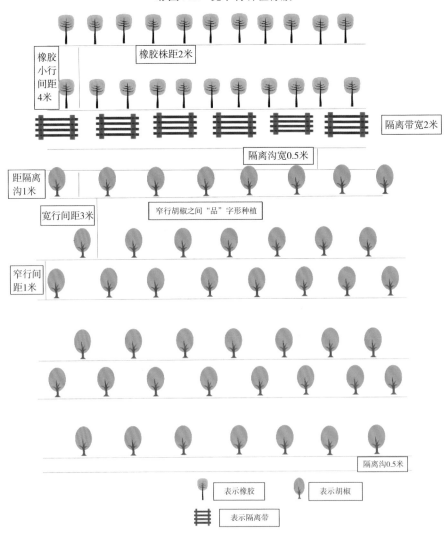

彩图143　橡胶园间作胡椒示意图

彩图144　橡胶活支柱种植胡椒

彩图145　胡椒间作咖啡

彩图146　胡椒间作玉米

彩图147　胡椒间作黄豆　　　　彩图148　胡椒脱粒脱皮一体机（第一代）

彩图149　胡椒脱粒脱皮一体机（第二代）

彩图150　中国热带农业科学院香料饮料研究所实验大楼

彩图151　白胡椒产品

彩图152　黑胡椒产品

彩图153　胡椒香氛

彩图154　胡椒调味料

彩图155　胡椒传统产品

彩图156　胡椒高附加值产品

彩图157　热带景观主色调

彩图158　胡椒文化长廊　　　　　　　彩图159　胡椒标准化示范园

彩图160　兴隆热带植物园产品展销厅